The HayWired Earthquake Scenario—Earthquake Hazards

海沃德地震情景构建——地震危险性

Shane T. Detweiler　　Anne M. Wein　编

温瑞智　等　编译

地震出版社

图书在版编目（CIP）数据

海沃德地震情景构建. 地震危险性/温瑞智等编译. —北京：地震出版社，2023.10
书名原文：The HayWired Earthquake Scenario—Earthquake Hazards
ISBN 978-7-5028-5586-4

Ⅰ.①海… Ⅱ.①温… Ⅲ.①地震序列—研究 Ⅳ.①P315.4

中国国家版本馆 CIP 数据核字（2023）第 199904 号

地震版　XM4897/P（6420）

The HayWired Earthquake Scenario—Earthquake Hazards
海沃德地震情景构建——地震危险性

Shane T. Detweiler　　Anne M. Wein　　编

温瑞智　等　编译

责任编辑：俞怡岚　王　伟
责任校对：凌　樱

出版发行：地震出版社
　　　　　北京市海淀区民族大学南路9号　　　邮编：100081
　　　　　销售中心：68423031　68467991　　传真：68467991
　　　　　总 编 办：68462709　68423029
　　　　　编辑二部（原专业部）：68721991
　　　　　http://seismologicalpress.com
　　　　　E-mail: 68721991@sina.com

经销：全国各地新华书店
印刷：河北文盛印刷有限公司

版（印）次：2023 年 10 月第一版　2023 年 10 月第一次印刷
开本：787×1092　1/16
字数：263 千字
印张：10.25
书号：ISBN 978-7-5028-5586-4
定价：80.00 元

版权所有　翻印必究

（图书出现印装问题，本社负责调换）

《海沃德地震情景构建——地震危险性》
编 委 会

主　编：温瑞智
副主编：王宏伟　任叶飞　冀　昆　刘　也
编　委：强生银　彭　仲　宋　泉　张　鹏
　　　　杨　苗　吴玉娇　米欣雪　邵国良
　　　　付欣然

与加州地质调查局合作编写

科学调查报告2017–5013–A–H
1.2版，2020年12月

美国内政部
美国地质调查局

美国内政部部长 Ryan K. Zinke

美国地质调查局副局长（行使局长权力） William H. Werkheiser

美国地质调查局 弗吉尼亚州雷斯顿：2017年
首次发布：2017年
修订：2018年12月（1.2版本）

了解更多美国地质调查局的信息（关于地球、地球自然资源和生物资源、自然灾害和环境的美国联邦科学来源），请访问https：//www.usgs.gov 或致电1–888–ASK–USGS（1–888–275–8747）。

有关美国地质调查局信息产品的概述，包括地图、图像和出版物，请访问https：//store.usgs.gov。

任何贸易、公司或产品名称的使用仅用于描述性目的，并不意味着得到了美国政府的认可。尽管该信息产品在很大程度上是公共领域的，但它也可能包含文本中受版权保护的材料。

引用：Detweiler, S.T., and Wein, A.M., eds., 2017, The HayWired earthquake scenario—Earthquake hazards (ver. 1.2, December 2018): U.S. Geological Survey Scientific Investigations Report 2017–5013–A–H, 126 p., https：//doi.org/10.3133/sir20175013v1.

ISSN 2328–0328（online）

译　　序

　　自有人类历史以来，减轻自然灾害一直是我们共同的主题。由于对自然灾害成灾机理认知的逐步提升，我们在每一个历史阶段对减轻灾害的方法和手段都在进步，而且很大程度上是沿袭着继承和发展的脉络进行的。

　　地震灾害情景构建是在继承前人震害预测和防震减灾对策等研究基础上，对防震减灾工作内容和范围的深化和拓展，目前已成为地震灾害风险防治领域研究和实践的热点。那么，地震灾害情景构建到底是什么呢？首先，是探究出未来几十年甚或更长一段时间将会引起大灾害的地震风险在哪里；然后，是研究在这样的地震影响下工程结构承灾体会造成什么样的破坏，从而评估出人员伤亡和经济损失的灾害后果；再者，政府和民众对可能造成的人员伤亡和经济损失后果的风险是否能承受，反之，采取有效的措施去减轻它：专家对各种减灾措施的投入和减灾后果所产出的效益进行对比分析，目的是为政府和民众对所要采取的减灾措施需要的投入提供科学决策依据。因为，减灾决策并非只是无节制的投入，它是随着当地社会的政治、经济、科技和伦理等发展水平而不断变化和发展的。

　　地震灾害情景构建是针对特定区域的未来地震风险与承灾体可能造成灾害后果的有机结合，是服务于政府和民众对减灾决策的工具。具体而言，它是指基于对地震发生和致灾过程的科学认识，采用大规模数值模拟的手段，对地震危险性、传播过程、各类工程结构（设施）的地震反应及破坏形态进行全过程再现，并在此基础上分析地震次生灾害和衍生灾害的发生、演化过程和相互作用，继而进一步分析地震灾害可能对社会、经济平稳运行造成的影响，为提升城乡抗震韧性、减灾大震巨灾风险提供支撑。

　　众所周知，美国西部地区共有7条断层交会于旧金山湾区，2014年美国地质调查局（USGS）研究发现未来30年内该区域发生超过6.7级地震的概率为72%，其中包括著名的圣安得列斯（San Andreas）大断层、海沃德（Hay

Wired) 断层危险性较高。而且，经研究发现海沃德断层的地震危险性远高于圣安得列斯断层，并且海沃德断层穿越的区域人口稠密、经济发达、高楼林立，因而海沃德断层上发生地震所造成重大地震灾害风险值得高度关注。

为此，美国地质调查局（USGS）和地震工程研究所（EERI）建立了一系列地震情景，其中在国际上具有较大影响的包括 ShakeOut 情景（2008 年）和海沃德（Hay Wired）情景（2017 年）。ShakeOut 地震情景（2008 年），是以 1906 年美国旧金山 $M_W7.8$ 大地震为地震背景，设定位于加州西海岸的圣安得列斯断层南端发生 $M_W7.8$ 地震，对旧金山湾区可能直接造成的工程影响，长期的社会、文化和经济影响等灾害后果开展了较为系统的研究。

近年来，美国地质调查局主导构建了海沃德地震情景（2017 年），对发生在海沃德断层上的大地震造成的影响和后果进行了迄今为止最为深入的研究。该断层在 1868 年曾发生 $M_W6.8$ 地震，此次研究是设定加州旧金山湾区东部的海沃德断层上发生主震为 $M_W7.0$ 地震和一系列的强余震作用下，从地震危险性、工程影响以及社会经济损失三个方面展开详细研究。《海沃德地震情景构建——地震危险性（The HayWired Earthquake Scenario—Earthquake Hazards）》是美国地质调查局主编的《科学调查报告（SIR）2017-5013》三卷中的第一卷，本卷（SIR 2017-5013-A-H）首先概述了海沃德地震情景的背景、科学依据、拟解决的问题和目标，之后详细介绍了海沃德断层上的 7.0 级主震及其余震序列、地震动、断层滑动、地质灾害，包括海沃德地震情景主震的断层滑动及地震动，液化和滑坡的危险性评估及概率分布图，地震情景余震序列预测，海沃德地震情景三维地震动数值模拟等内容。海沃德地震情景的风险隐患是真实存在的，科学家们进行了细致、全面的研究和评估，本卷内容对于全面了解海沃德断层地震危险性具有重要意义。第二卷（SIR 2017-5013-I-Q）介绍了海沃德情景设定地震可能造成的工程影响。第三卷（SIR 2017-5013-R-W）描述海沃德地震情景方案对该地区的可能产生的环境、社会和经济影响（包括对电子通信以及互联网的影响）。

译者在翻译过程中查阅了大量相关文献，更正了原文中的一些文字上的疏漏和错误。

本书在选题和翻译过程中得到了应急管理部地震和地质灾害救援司、中国地震局震害防御司等行业主管部门的鼎力支持，在此一并致谢。同时，感谢高孟潭研究员对本书原著的大力推荐。

本书得到了国家重点研发计划项目（项目编号：2017YFC1500800）、国家重点研发计划国际合作项目（项目编号：2023YFE0102900、2019YFE0115700）、国家自然科学基金面上项目（项目编号：51778589、51878632）的资助，特此致谢。

译者水平之限，难免出现一些谬误和疏漏，欢迎读者批评以备再版时予以更正。

2023 年 8 月于哈尔滨

前　　言

在汲取 1906 年旧金山大地震（$M_W7.8$）和 1989 年洛马—普里塔地震（$M_W6.9$）灾害的教训后，旧金山湾区的建筑普遍采取了抗震措施。自洛马—普里塔地震以后，旧金山湾区的社区、政府和基础设施管理部门已经投入数百亿美元用于老旧建筑和基础设施的抗震加固、改造及重建。同时，旧金山湾区采用了更为科学、前沿的工程技术（如新一代地震灾害风险评估方法），致力于提升建筑的抗震韧性。但是，只要我们身处的建筑或依赖的基础设施仍存在地震安全隐患，建构筑物防震减灾的道路就依然任重而道远。

鉴于此，美国地质调查局（USGS）及其合作伙伴构建了海沃德地震情景，并利用其研究结果来指导震前如何科学地防震减灾，以减轻下一次破坏性地震发生时所造成的灾害后果。我们通过模拟并对比"既有建筑"和"抗震性能提升后建筑"的地震灾害后果，以敦促政府和民众采取更有效的抗震措施。上述工作无论是对于指导震前应急演练和震后应急响应，还是推动减灾措施实施都有益于减轻未来的灾害风险。

假设像 1868 年一样，位于旧金山湾区东部的海沃德断层再次破裂，我们针对其可能产生的潜在影响，构建了海沃德地震灾害情景。在重现情景中，旧金山东湾沿线城市里士满（Richmond）、奥克兰（Oakland）和弗里蒙特（Fremont corridor）等将会受到地面震动、地表破裂、余震和断层余滑的严重冲击，上述影响会波及整个湾区甚至更远。同时，海沃德情景研究成果反映了现今我们对互联网和通信产业的依赖程度越来越高，揭示了基础设施、社会和经济之间存在着密不可分的联系。那么，海沃德断层的再次破裂将会造成什么样的影响呢？由于本次设定地震的震中距离硅谷较近，其产生的影响及造成破坏的规模将是前所未有的。

1868 年，在海沃德断层上，现在的康特拉科斯塔县（Contra Costa）、阿拉米达县（Alameda）和圣克拉拉县（Santa Clara）曾发生过M_W6.8地震。尽管当时人口稀少，但仍有约30人丧生，并造成大量的财产损失。这样的地震放在当前情境下会造成什么样的后果此前已经进行过研究，我们现将该地震在海沃德情景中进行重新审视。科学家们已经考证了一系列发生在海沃德断层上的历史地震，认为此类地震随时可能会发生，并且海沃德地震情景设定的风险隐患是真实存在的。为此，海沃德地震灾害情景构建团队提出了经过改进的新方法并评估了此类地震的危险性、影响及后果。海沃德情景还考虑了此类地震诱发的大规模砂土液化和滑坡，对其影响的评估相较于以往更加全面、细致。此外，本研究还讨论了当前ShakeAlert地震预警系统是如何自动触发并提供公共预警服务的。

美国地质调查局（USGS）牵头研究并发布了本项研究的《科学调查报告》（2017-5013）和相应数据，但主体工作是由一个庞大的团队联合完成的，其中包括海沃德地震灾害情景构建联盟的合作伙伴（请参阅章节A章）。海沃德情景研究成果已经得到应用。从2017年4月开始，研究团队经过一年多的密切协作，对发生在海沃德断层上的大地震造成的影响和后果进行了迄今为止最为深入的研究。基于海沃德情景研究成果，我们鼓励和支持旧金山湾区全社会长期积极参与，并提供自然科学、工程、经济和社会科学方面的基础数据，以便在未来的应急演练和防灾减灾规划中应用。

David Applegate

美国地质调查局自然灾害部门副主管，主持工作

海沃德审查小组

　　海沃德审查小组具有丰富的专业知识，他们对海沃德情景构建这一项目的总体目标以及方法的科学性进行了评估，并审查了本书中每个章节。审查组成员包括 Jack Boatwright（美国地质调查局，USGS），Arrietta Chakos（城市韧性策略部门），Mary Comerio（加州大学伯克利分校），Douglas Dreger（加州大学伯克利分校），Erol Kalkan（USGS），Roberts McMullin（东湾市政公共事业区，EBMUD），Andrew Michael（主席，USGS），David Schwartz（USGS）和 Mary Lou Zoback（Build Change，斯坦福大学）。

单位转换

美制单位	公制单位	美制-公制	公制-美制
长度			
英寸（in）	厘米（cm）	1in=2.54cm	1cm=0.3937in
英寸（in）	毫米（mm）	1in=25.4mm	1mm=0.03937in
英尺（ft）	米（m）	1ft=0.3048m	1m=3.281ft
英里（mi）	千米（km）	1mi=1.609km	1km=0.6214mi
面积			
平方英尺（ft^2）	平方米（m^2）	$1ft^2=0.09290m^2$	$1m^2=10.76ft^2$
平方英里（mi^2）	平方千米（km^2）	$1mi^2=2.590km^2$	$1km^2=0.3861mi^2$
应力			
磅每平方英尺（lb/ft^2）	千帕（kPa）	$1lb/ft^2=0.04788kPa$	$1kPa=20.88555\ lb/ft^2$
速度			
英寸/秒（in/s）	厘米/秒（cm/s）	1in/s=2.540cm/s	1cm/s=0.3937in/s
英里/小时（mi/hr）	厘米/秒（cm/s）	1mi/hr=44.703923cm/s	1cm/s=0.0223694mi/hr
英尺/秒（ft/s）	米/秒（m/s）	1ft/s=0.3048m/s	1m/s=3.281ft/s
英里/小时（mi/hr）	米/秒（m/s）	1mi/hr=0.44703923m/s	1m/s=2.23694mi/hr

大地基准面

纵坐标信息请参考 1988 北美垂直基准面（NAVD88）

横坐标信息请参考 1983 北美基准面（NAD83）

缩写和首字母缩略词

3D	three dimensional	三维
ABAG	Association of Bay Area Governments	旧金山湾区政府协会
BAREPP	Bay Area Regional Earthquake Preparedness Project	旧金山湾区区域防震减灾工程
BART	Bay Area Rapid Transit	旧金山湾区捷运
Cal OES	California Governor's Office of Emergency Services	加州应急服务州长办公室
Caltrans	California Department of Transportation	加州交通运输部
CAPSS	Citizens Advisory Panel on Seismic Safely or Community Action Plan for Seismic Safety	旧金山地震安全社区行动计划
CGS	California Geological Survey	加州地质调查局
CPT	cone penetration test	静力触探试验
CSSC	California Seismic Safety Commission	加州地震安全委员会
DEM	digital elevation model	数字高程模型
EBMUD	East Bay Municipal Utility District	东湾市政公共事业区
EERI	Earthquake Engineering Research Institute	地震工程学会
ESIP	Earthquake Safety Improvements Program	地震安全改进计划
ETAS	epidemic type aftershock sequence	传染型余震序列
FEMA	Federal Emergency Management Agency	美国联邦应急管理局
F_V	site coefficient	场地影响系数
g	acceleration due to gravity	重力加速度
GMPE	ground-motion prediction equation	地震动预测方程
LPI	liquefaction potential index	液化指数
M	magnitude	震级
Ma	mega-annumor millions of years ago	百万年前
MMI	Modified Mercalli Intensity	修正麦卡利烈度
M_W	moment magnitude	矩震级
NAD83	North American Datum of 1983	1983 北美基准面
NED	National Elevation Dataset	美国国家高程数据库
NGA-West2	Next Generation Attenuation Relationships for Western United States	美国西部下一代衰减关系

续表

NISEE	National Information Service for Earthquake Engineering	美国国家地震工程信息服务电子图书馆系统
NRC	National Research Council	美国国家科学研究委员会
PEER	Pacific Earthquake Engineering Research Center	太平洋地震工程研究中心
PDT	Pacific Daylight Time	太平洋夏令时
PGA	peak ground acceleration	峰值地面加速度
PGV	peak ground velocity	峰值地面速度
PSA or pSa	pseudo-spectral acceleration	伪谱加速度
PSA03	short-period (0.3-second) pseudo-spectral-acceleration	短周期（0.3s）伪谱加速度
PSA10	long-period (1-second) pseudo-spectral-acceleration response	长周期（1s）伪谱加速度反应
PST	Pacific Standard Time	太平洋标准时间
RMS	Risk Management Solutions	风险管理解决方案
SA	spectral acceleration	谱加速度
SAFRR	USGS Science Application for Risk Reduction project	降低风险的科学应用
SCEC	Southern California Earthquake Center	南加州地震中心
SHZ	seismic hazard zone	地震危险区
SPUR	San Francisco Bay Area Planning and Urban Research Association	旧金山城市规划研究所
UCERE3	Uniform California Earthquake Rupture Forecast, version 3	第三版加州统一地震破裂预测
USGS	U.S Geological Survey	美国地质调查局
V_{S30}	time-averaged shear-wave velocity to a depth of 30 meters	30m 深度的等效剪切波速
WGS84	World Geodetic Survey 1984	世界大地测量系统 1984

目 录

A 海沃德地震情景——旧金山湾区如何在一个相联互通的世界里从地震灾害中恢复过来或者避免地震灾害 …………………………………………………………… 1
   附录 A-1 旧金山湾区地震情景和抗震韧性工作的历史 ………………………… 19
B 海沃德地震情景之地震危险性概述 ……………………………………………… 23
C 海沃德地震情景主震地震动 ……………………………………………………… 34
   附录 C-1 ……………………………………………………………………………… 44
D 海沃德地震情景主震地表断层同震滑动和震后余滑 …………………………… 46
E 海沃德地震情景主震——绘制液化概率分布图 ………………………………… 56
F 海沃德地震情景主震——地震诱发滑坡危险性 ………………………………… 78
   附录 F-1 旧金山湾区地震危险性区划（SHZ）报告 …………………………… 102
   附录 F-2 美国加州地质调查局（California Geological Survey）
          编制的旧金山湾区地震危险性区划图（SHZ）的
          地质图单元名称/描述及其与通用地质编译图的关系 ……………… 105
G 海沃德地震情景余震序列 ………………………………………………………… 106
H 海沃德地震情景三维数值模拟地震动图 ………………………………………… 132

A　海沃德地震情景——旧金山湾区如何在一个相联互通的世界里从地震灾害中恢复过来或者避免地震灾害

Kenneth W. Hudnut[①]　Anne M. Wein[①]　Dale A. Cox[①]
Suzanne C. Perry[①]　Keith A. Porter[②]
Laurie A. Johnson[③]　Jennifer A. Strauss[④]

一、引言

　　海沃德地震情景是假设于2018年4月18日下午4点18分在加利福尼亚州旧金山湾东部的海沃德断层上发生的矩震级7.0的地震（主震），该地震情景是具有科学依据和现实意义的。设定地震震中位于奥克兰市，在主震的作用下海沃德断层的破裂长度达83km（约52英里），地震情景引起的强地震动对旧金山湾区造成了广泛且严重的影响。

　　几十年来为减小旧金山湾区地震风险而付出的诸多努力的基础上，海沃德地震情景被用来研究所熟知的海沃德断层的地震危险性，并重点关注新出现的易损性。在一场大地震灾害之后，重建供水和食品供应链自然是重中之重，当湾区对"物联网"的依赖程度加深时，电信中断或网络拥堵相关的问题将会增加且更为紧迫。

　　在震后应急响应中各级通信至关重要，地震动对关键设施（例如发电厂）的破坏以及跨断层的电力和电信线路、光缆被切断会引发互联网和电信中断连锁反应，恢复这些服务对应急响应协调至关重要。没有良好的通信就会降低应急响应效率，进而影响救生响应功能。因此，将这个地震情景命名为海沃德（HayWired），用来强调研究我们对电信和其他生命线工程（例如供水和电力）的依赖和相互联系的迫切需求，面向使旧金山湾区在未来地震中更有韧性这一目标。

　　之前的共同努力已经极大地减小了旧金山湾区的地震风险，例如，1989年6.9级洛马—普里塔地震很大程度上推动了一笔高达500亿美元的投资用来加固基础设施（KQED，2014）。海沃德断层的地震风险仍然很高，仍然需要做大量的工作，以确保该地区为发生类似海沃德地震情景中所模拟的那样的大地震做好准备。新成立的海沃德联盟已做出了新承诺——采用不同的新方法处理仍然存在的问题，该联盟包括众多政府、学术界、公共设施运营商以及社区利益者。

　　类似于之前美国地质调查局（USGS）降低风险的科学应用计划（SAFRR）所负责的地

[①]　美国地质调查局。
[②]　科罗拉多大学博尔德分校。
[③]　劳里·约翰逊咨询公司。
[④]　加州大学伯克利分校抗震实验室。

震情景，海沃德地震情景是一次自然灾害事件，并伴随着断层破裂、余震（主震后发生的一系列地震）、震后余滑（断层后续滑动）、滑坡和液化（土壤在振动过程中变为液态）、震后火灾（地震引发的可能的大范围火灾）等与主震强地震动具有相同破坏性的连锁灾害。结合建筑规范性态目标、城市搜救、生命线相互作用、自我保护措施以及其他课题的新基础研究，采用工程最佳实践计算地震情景的破坏，本研究提供了类似于海沃德地震情景所模拟的地震造成的自然环境预期破坏以及建筑物、基础设施、生命线工程修复和处理环境影响的新认识，该地震情景还讨论了社会和经济影响以及政策考虑的议题。

从2017年4月至2018年4月，海沃德联盟的利益双方正在解决海沃德地震情景的影响，其目标是在这一年制定解决方案并采取初步行动来减小未来破坏性大地震对旧金山湾区和其他地方的影响，长期行动及成果也值得期待，讨论、研讨、演习将集中在之前SAFRR地震情景并未充分或完全解决的关键议题上：①余震和震后余滑的影响；②建筑规范中的性态目标；③地震并发火灾；④预测环境健康问题；⑤城市搜救；⑥生命线相互作用影响（包括互联网和数字经济）；⑦面临长期修复和重建挑战的社区。该地震情景旨在帮助社区提高他们对地震风险、地震预警以及余震和震后余滑预测信息的认识和应用。通过社区参与，海沃德地震情景将提供建筑规范性态目标、企业持续经营计划、通过能力建设增强社区能力的决策信息。

美国地质调查局（USGS）科学研究报告（SIR）第2017-5013号记述了海沃德地震情景，计划出版三卷，海沃德地震情景各卷出版后，可登录 https：//doi.org/10.3133/sir20175013 获取。海沃德地震情景各卷理论上将帮助读者整体提高他们自身和所在社区在未来灾难中的抗灾能力。

> **为什么叫海沃德——互联网和相互联系：**
> 地震情景的名字海沃德（HayWired），既指的是海沃德断层的破裂，又说明了我们所在的有线和无线连接的世界可能的破坏。自从我们的社会、文化和经济与互联网交织在一起以后，加州城市还未经历过大地震。最近日本（2011年9.1级东日本地震）和新西兰（2011年6.2级基督城地震）所经历的地震表明互联网服务中断往往是局部的，且与供电中断同时发生。尽管由于冗余使互联网设计得很耐用，但还是不能避免性态问题。"Wired"常用来表示多层次级连——震后余滑和余震所表明的地震活动的互联性、生命线工程的相关性、通过技术手段（包括地震预警）的社会连通性、破坏在整个经济中的涟漪效应（尤其是现代数字经济）。海沃德地震情景特别适合旧金山湾区，这里有硅谷，也是世界技术和数字通信的最前沿。

二、海沃德断层

生活在旧金山湾区的大多数人都知道地震危险是真实存在且不可避免的，地球上几乎没有其他地区与地震有如此密切的联系，摄影师生动地记录了1906年7.8级旧金山大地震的破坏及其震后的火灾（图A-1）。这次地震的发震断层，圣安德列斯断层，沿着旧金山半岛靠近太平洋一侧延伸，继续延伸至旧金山和金门大桥的近海区域（Lawson，1908）。

A 海沃德地震情景——旧金山湾区如何在一个相联互通的世界里从地震灾害中恢复过来或者避免地震灾害

图 A-1 1906 年旧金山大地震及震后火灾造成的旧金山湾区破坏的照片
这次 7.8 级地震的地震动摧毁了整个旧金山湾区
(a) 地震后旧金山市政厅遗址；(b) 地震造成的旧金山房屋破坏
(图片来自美国国家地震工程信息服务电子图书馆系统——太平洋地震工程研究中心
(NISEE-PCEE)，加州大学伯克利分校，图片授权使用)

科学家认识到湾区的另一个地震危险，位于旧金山湾区东部的海沃德断层上，可与圣安德列斯断层的地震危险相匹敌（图 A-2）。海沃德断层上最近的大地震是 1868 年 6.8 级地震（图 A-3），由于当时该地区人口稀少且几乎没有开发，地震破坏有限。

海沃德断层现在威胁着超过 700 万人、近 200 万座建筑物、旧金山湾区和国家经济以及包括高速公路、隧道、管道、渡槽、变电站、输配电线路、电话线和光纤线路、铁路线在内的几十条重要的生命线基础设施。海沃德断层地表迹线穿过超过 300 栋房屋以及其他建筑物的地基，包括加州大学伯克利分校的足球场，这些建筑物已经做过大规模的抗震加固。

虽然海沃德断层频繁地发生小地震，例如 2015 年 8 月 17 日 4.0 级地震，最近科学研究表明，海沃德断层大约每隔 100~220 年发生一次大地震（Lienkaemper 等，2002，2010）。令人担忧的是自从 149 年前海沃德断层上发生 1868 年大地震以后，大约 1 个"重现期"已经过去，下一次海沃德大地震随时可能会发生，并且未来一定会发生。

三、海沃德地震情景

如果海沃德断层再次发生类似1868年的地震，会造成怎样的影响和后果？海沃德地震情景是假设于2018年4月18日下午4点18分发生的7.0级地震。海沃德地震情景提出了以下几个问题：

(1) 人们可以预期和准备的海沃德断层上发生的地震的科学合理的规模是多少？

(2) 海沃德地震情景及其连锁效应（或旧金山湾区未来发生的其他破坏性事件）可能会造成什么后果，我们又能对此做些什么？

(3) 旧金山湾区的居民、社区和企业针对海沃德地震情景可以做哪些准备？

(4) 我们如何才能更多地了解海沃德地震情景的影响，采取哪些行动？支持其他人做哪些准备？

> **海沃德地震情景不是地震预测：**
> 海沃德地震情景并不是地震预测，科学家并不能预测地震发生的具体时间，当海沃德断层再次发生大地震时，它可能会以不同的方式发生。海沃德断层的不同断层段上共模拟了震级（M）在6.6~7.2范围的39个地震情景，海沃德地震情景只是其中之一。地震震级、位置和其他断层破裂细节有无限种可能。在未来某天发生的下一次地震的真实情况与地震情景有所不同，但对这种特定的地震情景进行可视化、分析和规划，一方面对减小地震破坏有帮助，另一方面在地震发生后社区能更快恢复。但这次描述的7.0级地震情景并不是最坏的情况，海沃德断层和旧金山湾区的其他地方可能发生更大的地震。例如，海沃德断层北部在300年前可能发生大的破裂，比1868年海沃德6.8级地震更大。最近的研究表明，如果海沃德断层与北部的罗杰斯溪断层同时破裂，未来可能会产生7.4级的地震。如果像海沃德地震情景主震这样的7.0级地震多次发生，会产生相当严重的后果，所以这是一场值得规划的地震情景。

在海沃德地震情景中，海沃德断层的破裂始于奥克兰东南部，在不到1分钟的时间里，以每小时11000km（7000英里）的速度沿断层破裂超过83km（大约52英里），北至里士满和圣巴勃罗湾，南至弗里蒙特。当断层破裂至地表时，破坏了穿过海沃德断层北部的公路、埋在地下的管道和电力管道，例如，在伯克利，地面在几秒钟内平移了1~1.5m（3~5英尺）。正如美国地质调查局预测地震动图（地震情景震动图）所示（图A-4），海沃德地震情景主震产生了强烈的震动，对旧金山湾区东湾和硅谷（大致为旧金山湾区最南部）产生强烈震动并造成中等和严重破坏，并在整个旧金山湾区产生强烈震动。旧金山湾区的居民感觉到地震动至少持续了30s，许多人走路和站立都有困难。断层破裂和地震动造成严重的影响和破坏（图A-5），震后的液化、滑坡和火灾等一系列的其他灾害增加了地震影响和破坏。

海沃德地震情景不仅会破坏旧金山湾区的生命线、供应链和经济，由于该地区（尤其是硅谷）的经济重要性，还会影响整个美国的经济（Joint Ventures Silicon Valley, 2017）。数十次严重的余震以及断层震后余滑（海沃德断层在主震后的数周和数月里继续蠕动）将会造成额外的破坏，需要反复修复。供水可能会在几个月内都受到影响，即使在未受损的建筑物中，也会阻碍家庭和企业的恢复。对该地区和国家经济的影响将持续数年，代价高昂，

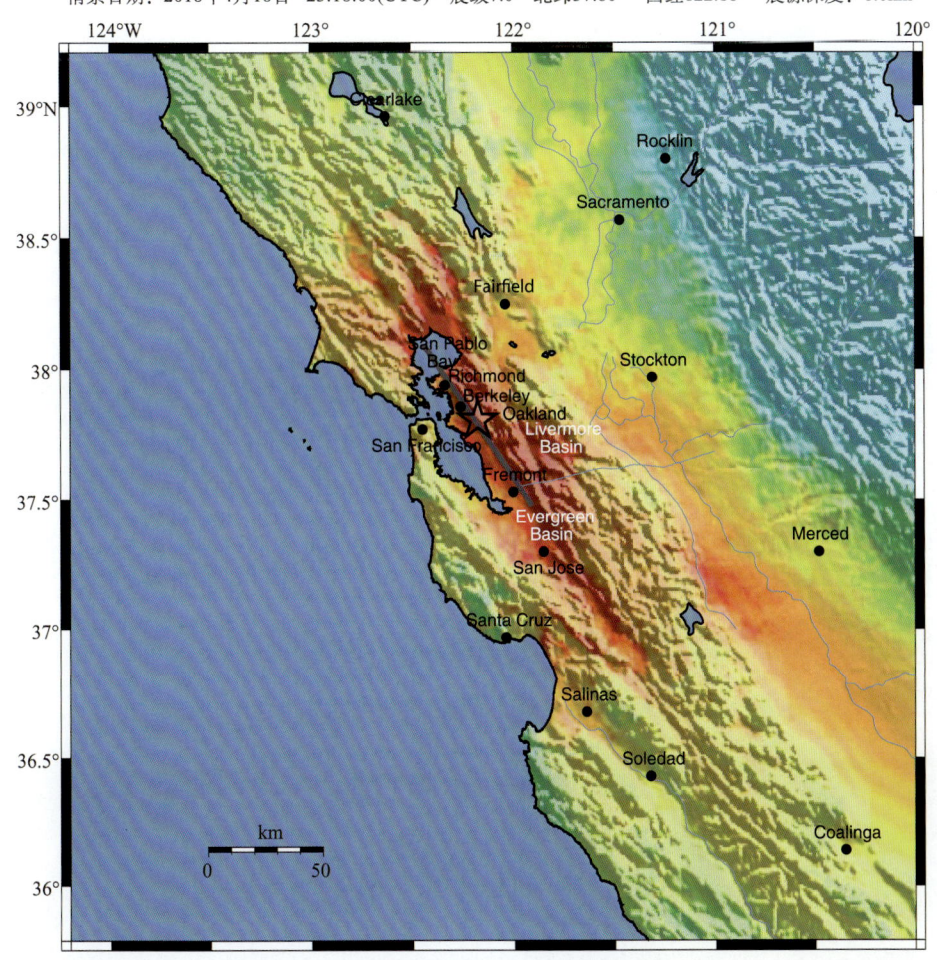

A 海沃德地震情景——旧金山湾区如何在一个相联互通的世界里从地震灾害中恢复过来或者避免地震灾害

地震情景
海沃德7.0级地震情景的震动图
情景日期：2018年4月18日 23:18:00(UTC) 震级7.0 北纬37.80° 西经122.18° 震源深度：8.0km

仅此地震情景——地图版本28，编制于2015年5月13日 22:46:39(UTC)

震感	无感	微弱	轻微	中等	强	极强	强烈	猛烈	极猛烈
破坏情况	无	无	无	很轻微	轻微	中等	中等/严重	严重	很严重
峰值地面加速度/(%g)	<0.05	0.3	2.8	6.2	12	22	40	75	>139
峰值地面速度/(cm/s)	<0.02	0.1	1.4	4.7	9.6	20	41	86	>178
仪器烈度	Ⅰ	Ⅱ~Ⅲ	Ⅳ	Ⅴ	Ⅵ	Ⅶ	Ⅷ	Ⅸ	Ⅹ$^+$

图A-4 海沃德地震情景7级主震中加州旧金山湾区的仪器烈度震动图（估计的MMI）
地震从奥克兰市下方的震源开始沿海沃德断裂向两侧破裂，利弗莫尔和常绿沉积盆地放大了地震动
图片修改自USGS（2014），去掉了原图中的道路，地震烈度的说明见表C-1

Berkeley：伯克利，Clearlake：克利尔莱克，Coalinga：科林加，Evergreen Basin：常绿盆地；
Fairfield：费尔菲尔德，Fremont：弗里蒙特，Livermore Basin：利弗莫尔盆地，Merced：默塞德；
Oakland：奥克兰，Richmond：里士满，Rocklin：罗克林，Sacramento：萨克拉门托；
Salinas：萨利纳斯，San Francisco：旧金山，San Jose：圣何塞，San Pablo Bay：圣巴勃罗湾；
Santa Cruz：圣克鲁斯，Soledad：索莱达，Stockton：斯托克顿

图 A-5 类似海沃德地震情景 7.0 级主震中加州旧金山湾区沿海沃德断层的生命线和基础设施可能发生的各类破坏案例的照片

(a) 断层位错对道路造成的损坏；(b) 管道损坏后喷出的水柱；(c) 断层位错造成的大型电缆断裂

(照片来自美国国家地震工程信息服务——太平洋地震工程研究中心（NISEE-PEER），加州大学伯克利分校，经许可使用）

影响广泛。由于相对较少的建筑为地震投保，业主将面临维修资金的挑战。居民将不得不寻找替代的住房或商业用房，一些人可能被迫离开该地区一段时间，甚至不会回来。

由于我们的生活和经济现在与互联网紧密相关，所以海沃德地震情景中假定的网络中断也是复杂的。我们的社会想当然地认为信息、商品和服务都可以通过互联网随时获得，所以海沃德断层上的一场大地震可能对于美国的大部分商务（"电子商务"，包括航运和配送管理）和网上进行的日常互动来说是第一次美国大地震。

如果网络服务在震后中断会造成什么结果？这样的灾难对你、你的家庭、你的工作和你的社区意味着什么？科学家、工程师和社会科学家构建了海沃德地震场景来帮助我们回答了这些问题，并确定保护生活、企业、社区和家庭所采取行动的优先级。

为旧金山湾区的下一次破坏性大地震做准备并不是一项无法完成的事情，政府、关键基础设施的管理人员和供应商、企业和居民已经朝着这个目标迈出了关键性的一步。1989年洛马—普里塔发生的6.9级地震为湾区敲响了"警钟"，推动了为防范地震的持续性措施，包括更好地了解地震及其危险性、积极降低风险、提高社会恢复力。海沃德地震情景对于旧金山湾区的年轻人和刚来这儿的人来说更有意义，洛马—普里塔地震发生的时候他们中的许多人还没有出生，对此也没有记忆。人们希望，海沃德地震情景将激励下一代的支持者和倡导者沿着一条目标明确、深思熟虑、负责任的路线行动，就像早期的措施一样，可以帮助旧金山湾区为下一次大地震做准备。

> **在抗震方面已经完成巨大的投资：**
> 地震情景和抗震工作对旧金山湾区来说并不新鲜（有关先前举措和成就的背景信息，请参见附录A-1）。总的来说，自1989年6.9级洛马—普里塔地震以来，旧金山湾区在地震应对措施方面至少投入了250亿美元（Association of Bay Area Governments（旧金山湾区政府协会），2014a），据报道更是高达500亿美元（KQED（旧金山公共广播公司），2014），用来加强建筑物和基础设施的潜在的失效点。与此同时，地方和区域组织已经开始解决许多对地震韧性不利的复杂且互联的社会问题。旧金山湾区已经做了大量工作，降低社区、关键设施和生命线的地震风险，提高应对自然灾害的社会韧性。
>
> 然而，海沃德地震情景表明，还有很多工作要做。许多合理的减灾方案可能需要几十年才能完成，例如更换投资巨大的脆性供水管道。如果决策者希望在湾区再次发生大地震之前完成这些措施，时间是至关重要的。社会有强烈的兴趣继续加固基础设施以减少破坏，并在自然灾害的响应和恢复期间更好地支撑我们。在提高社区韧性方面，人们不仅对工程方法还对规划和准备活动有着浓厚的兴趣。

四、动机——为什么现在重提海沃德断层的地震情景

海沃德地震情景的工作完成于旧金山湾区经济健康、欣欣向荣之际。强劲的经济增长正伴随着基础设施紧张、经济适用房短缺和收入差距扩大等问题。虽然旧金山湾区强劲的经济实力对于建设更加有韧性的基础设施和社区是一种帮助，但随之产生的新的问题增加了该地区的地震易损性，这些问题需要解决。

现在到了利用新的知识、能力和进展更新旧金山湾区地震情景的时候。一些新的关键主题扩展了以前的情景分析（见下文海沃德地震情景的目标），以加强与传统受众的合作，并针对新的受众，帮助提高该地区在自然灾害中的恢复能力。

海沃德地震情景包括以下新的或者更新的进展，这些没有包括（或者没有给予足够的关注）在以前的灾害和地震情景或研究中（见附录 A-1）：

（1）地震动估计方法应用的比较。
（2）滑坡概率和液化概率的估计。
（3）断层震后余滑和余震的预测效果。
（4）公众对新建筑性能和加强新建筑物建筑规范的潜在效益的预期。
（5）评估建筑物倒塌和电梯抛锚后城市搜救需求的新方法。
（6）地震后火灾的预期复杂状况以及用于消防的便携式供水系统的互操作性。
（7）对环境健康问题的预期。
（8）在地震序列中估计供水破坏和服务恢复时间的新方法，并量化生命线的相互依赖性。
（9）估计通信和基础设施破坏和服务恢复时间。
（10）地震预警的潜在效益。
（11）确定本地区社区可能面临的长期恢复挑战。
（12）数字经济影响和韧性以及增强经济韧性的策略。

五、海沃德地震情景的目标

海沃德地震情景的目标是：（1）改善在决策过程中对地震灾害科学的沟通和利用；（2）增强地震风险的基本知识，并为减少地震风险的行动提供信息；（3）帮助社区建立应对地震和震后恢复的能力。下面将更详细地说明每一项目标：

（1）改善在决策中对于地震灾害科学的沟通：
A. 支持在工程、环境科学和社会科学中使用地震灾害科学来降低风险。
B. 提高地球科学家、工程师和其他人员对地震情景的地震动数值模拟的理解，而不是使用经验的地震动预测方程。
C. 增强对地震预警效益的认识。
D. 液化和滑坡方面的教育。
E. 余震和震后余滑方面的教育。
F. 可用的地震预测方面的教育。

（2）增强地震风险的基本知识，并为减少地震风险的行动提供信息：
A. 评估建筑规范中抗震性态目标的社会影响。评估公众对新建筑抗震性态的偏好。为公众确定一个为新建筑的抗震性能提供投入的选择。评估其成本和收益。向社区领导和结构工程师教授这些新知识。通过对《建筑物规范采纳条例》的条文进行简单的改进，为社区提供一个加固新建筑物的方案。
B. 开发一种估计供水系统恢复的新方法，考虑生命线的相互作用、资源有限性、余震和震后余滑，且不依赖专家意见、专有计算模型或"黑匣子"软件（只能查看输入和输出，而不能查看底层代码）。在减少供水系统破坏和加快恢复方面进行教育和促进交流。
C. 在加强消防能力以抵抗地震后火灾方面进行教育和促进交流。
D. 开发估计被困在倒塌建筑物和在抛锚电梯里的人数的方法。在减少可能被困在抛锚电梯里的人数方面进行教育和促进交流。
E. 帮助预测环境健康问题。
F. 让利益相关者参与讨论网络基础设施和互联网经济的易损性和韧性。

（3）帮助社区建立应对地震和震后恢复的能力：
A. 促进关于生命线恢复相互依赖性的交流。
B. 在应急管理、减灾和恢复管理方面，帮助社区熟悉并制定防灾计划和政策干预措施，使居民和企业留在社区。
C. 为应急响应、商业连续性和恢复演习以及许多其他方面提供材料。

六、海沃德地震情景将解决紧急问题

从2017年4月到2018年4月，海沃德联盟和海沃德地震情景的开发者将计划继续合作。目标是向需求者快速传递科学信息，并扩大科学和地震工程在降低地震风险方面的应用。我们计划推进旧金山湾区重点地震问题的讨论，在更新韧性策略以及推动地震问题的持续性决策和政策制定方面开展新的对话。我们力争影响应急人员（广泛使用地震情景）之外的受众，直接让社区和企业参与到地震响应和城市韧性规划中。

在未来一年的研讨会和学术会议中，将海沃德地震情景作为一个重点话题来进行讨论，这提供了一个可以探讨和解决有关震后灾害韧性的紧急问题的机会。除了上一节列出的目标之外，以下问题也可能有助于在来年引发讨论：

（1）为什么人们可能希望使用地震动数值模拟，而不是经验的地震动预测方程，以更好地理解地震并为之做准备工作？

（2）建筑规范规定新建筑物在大都会地震中的表现如何？这些性态目标与公众偏好的一致性如何？

（3）简单提高新建筑的设计强度如何减少地震后的建筑物破坏，会增加多少成本？

（4）消防部门预计可以从倒塌的建筑物和抛锚的电梯中救出多少人？

（5）消防部门如何使用便携式供水系统更好地应对震后的火灾，已拥有此类系统的消防部门如何协调使用？

（6）震时和震后的生命线（水、电力、通信、道路和交通）如何相互作用，以及在破坏恢复期间它们又是如何相互作用的？

（7）不依赖专家意见、专有计算模型或黑匣子软件，水务公司如何估计地震破坏、恢复时间和供水中断造成的宏观经济损失？

（8）地震动、液化、滑坡、断层滑动、余震和震后余滑会在多大程度上破坏供水系统并阻碍恢复？

（9）水务公司可以采取什么措施来加快恢复速度并减少对其他生命线的依赖？

（10）将地震预警与人们在地面震动开始时采取的保护自己的"伏地、遮挡、手抓牢"

续表

California ISO	加州国际标准化组织
California Department of Public Health	加州公共卫生部
California Department of Transportation	加州交通运输部
California Earthquake Authority	加州地震局
California Earthquake Clearinghouse	加州地震信息中心
California Geological Survey	加州地质调查局
California Governor's Office of Business and Economic Developmen	加州商业和经济发展州长办公室
California Governor's Office of Emergency Services	加州应急服务州长办公室
California Independent Oil Marketers Association	加利福尼亚独立石油营销商协会
California Public Utilities Commission	加州公共事业委员会
California Resiliency Alliance	加州韧性联盟
California Seismic Safety Commission	加州地震安全委员会
Carnegie Melon University Silicon Valley	卡内基梅隆大学硅谷分校
City and County of San Francisco	旧金山市和县
City of Berkeley	伯克利市
City of Fremont	弗里蒙特市
City of Hayward	海沃德市
City of Oakland	奥克兰市
City of Oakland, Fire Department	奥克兰市消防部门
City of San Francisco, Department of Emergency Management	旧金山市应急管理部
City of Walnut Creek	核桃溪市
Contra Costa County Mayors' Conference	康特拉科斯塔县市长会议
Earthquake Country Alliance	国家地震联盟
Earthquake Engineering Research Institute	地震工程学会
East Bay Municipal Utility District	东湾市政公共事业区
Federal Emergency Management Agency	美国联邦应急管理局
Joint Venture Silicon Valley	硅谷合资企业
Laurie Johnson Consulting	Research	劳里约翰逊咨询/研究公司
March Studios	3月工作室
Marin Economic Consulting	马林经济咨询公司
MMI Engineering	MMI 工程

续表

Southern California Earthquake Center	南加州地震中心
Office of the Mayor, City and County of San Francisco	旧金山市县市长办公室
Pacific Earthquake Engineering Research Center	太平洋地震工程研究中心
Pacific Gas and Electric	太平洋煤气电力公司
Palo Alto University	帕洛阿尔托大学
Price School of Public Policy and Center for Risk and Economic Analysis of Terrorism Events, University of Southern California	美国南加州大学公共政策学院和恐怖主义事件风险及经济分析中心
Rockefeller Foundation—100 Resilient Cities	洛克菲勒基金会——100个韧性城市
San Jose Water Company	圣何塞自来水公司
SPA Risk LLC	SPA风险有限责任公司
SPUR	旧金山城市规划研究协会
Strategic Economics	战略经济学
Structural Engineers Association of Northern California	北加州结构工程师协会
The Brashear Group LLC	布拉希尔集团有限责任公司
University of California Berkeley Seismological Laboratory	伯克利大学地震实验室
University of Colorado Boulder	科罗拉多大学博尔德分校
University of Southern California	南加州大学
U.S. Department of Homeland Security	美国国土安全部
U.S. Geological Survey	美国地质调查局
Wells Fargo	富国银行

九、下一年的行动号召

本卷（SIR 2017-5013）A~H详细说明了海沃德地震情景的地震危险性，这比海沃德地震情景主震的假设日期2018年4月18日提前了大约1年。为了更好地了解海沃德地震情景的潜在影响和后果，地球科学家、工程师和社会科学家计划来年（2017年4月至2018年4月）与加州旧金山湾区联盟合作伙伴共享信息与合作，与生命线、工程、地方政府、公共卫生、企业和应急管理方面的代表，进一步加强整个地区的抗震和抗灾韧性计划、政策和行动。

通过一系列协作密集的研讨会和用户体验活动，研究人员和信息潜在用户计划在旧金山湾区本就强大的防震减灾基础上进一步加强基础设施，并构建更韧性的社区。海沃德地震情景预计将在未来许多年内用作抗震规划资源，将行动重点放在旧金山湾区仍然存在的易损性上，帮助提高和维持关注度，并继续向社区和公众传播。

参 考 文 献

Aagaard B T, Blair J L, Boatwright J, Garcia S H, Harris R A, Michael A J, Schwartz D P and DiLeo J S, 2016, Earthquake outlook for the San Francisco Bay region 2014–2043 (ver. 1.1, August 2016): U. S. Geological Survey Fact Sheet 2016–3020, 6p., accessed April 10, 2017, at http://dx.doi.org/10.3133/fs20163020.

Algermissen S T, Rinehart W A, Dewey J, Steinbrugge K V, Degenkolb H J, Cluff L S, McClure F E, Gordon R F, Scott S and Lagorio H J, 1972, A study of earthquake losses in the San Francisco Bay area: Washington D. C., National Oceanic and Atmospheric Administration, Office of Emergency Preparedness, 220p.

Association of Bay Area Governments, 2014a, LP25—Policy Actions, Loma Prieta 25 Symposium: Association of Bay Area Governments, accessed March 31, 2017, at http://resilience.abag.ca.gov/wp-content/documents/LP25/LP25_PolicyActions.pdf.

Association of Bay Area Governments, 2014b, Cascading failures—Earthquake threats to transportation and utilities: Association of Bay Area Governments, 47p., accessed April 12, 2017, at http://resilience.abag.ca.gov/wp-content/documents/Cascading_Failures/InfrastructureReport_2014.pdf.

California Governor's Office of Emergency Services and Federal Emergency Management Agency, 2016, Bay Area earthquake plan: California Governor's Office of Emergency Services and Federal Emergency Management Agency, 46p., accessed April 12, 2017, at http://www.caloes.ca.gov/PlanningPreparednessSite/Documents/BayAreaEQConops (Pub_Version) _2016.pdf.

California Seismic Safety Commission, 1991, Loma Prieta's call to action—Report on the Loma Prieta earthquake of 1989: California Seismic Safety Commission, 97p., accessed April 12, 2017, at https://ia801402.us.archive.org/33/items/lomaprietascallt1991cali/lomaprietascallt1991cali.pdf.

City and County of San Francisco, 2016, Resilient San Francisco, stronger today, stronger tomorrow: City and County of San Francisco, 137p., accessed April 12, 2017, at http://sfgov.org/orr/sites/default/files/documents/Resilient%20San%20 Francisco_0.pdf.

Earthquake Engineering Research Institute, 1996, Scenario for a magnitude 7.0 earthquake on the Hayward Fault: Oakland, Calif., Earthquake Engineering Research Institute, 109p.

Earthquake Engineering Research Institute, 2006, Managing risk in earthquake country—Estimated losses for a repeat of the 1906 San Francisco earthquake and the earthquake professionals' action agenda for northern California: Earthquake Engineering Research Institute, 24p., accessed April 12, 2017, at http://www.1906eqconf.org/mediadocs/managingrisk.pdf.

Johnson L A, 2014, Lifelines interdependency study I report: City and County of San Francisco Lifelines Council, 47p., accessed April 12, 2017, at http://sfgov.org/esip/sites/default/files/Documents/homepage/LifelineCouncil%20Interdependency%20Study_FINAL.pdf.

Joint Ventures Silicon Valley, 2017, Silicon Valley index: oint Ventures Silicon Valley web page, accessed February 28, 2017, at http://www.siliconvalleyindicators.org/.

Jones L M, Bernknopf R, Cox D, Goltz J, Hudnut K, Mileti D, Perry S, Ponti D, Porter K, Reichle M, Seligson H, Shoaf K, Treiman J and Wein A, 2008, The ShakeOut scenario: U. S. Geological Survey Open-File Report 2008–1150 and California Geological Survey Preliminary Report 25, 312p. and appendixes, accessed April 12, 2017, at https://pubs.usgs.gov/of/2008/1150/.

Kircher C A, Seligson H A, Bouabid J and Morrow G C, 2006, When the big one strikes again—Estimated losses due to a repeat of the 1906 San Francisco earthquake: Earthquake Spectra, v. 22, no. S2, p. S297-S339, accessed April 12, 2017, at http://www.nehrpscenario.org/wp-content/uploads/2009/03/kircher_etal.pdf.

KQED, 2014, 25 years after the Loma Prieta earthquake, are we safer?: KQED Science web page, accessed April 11, 2017, at https://ww2.kqed.org/science/2014/10/13/25-years-after-the-loma-prieta-earthquake-are-we-safer/.

Lawson A C, chairman, 1908, The California earthquake of April 18, 1906—Report of the State Earthquake Investigation Commission: Washington D.C., Carnegie Institution of Washington Publication 87, 2 vols.

Lienkaemper J J, Dawson T E, Personius S F, Seitz G G, Reidy L M and Schwartz D P, 2002, A record of large earthquakes on the southern Hayward Fault for the past 500 years: Bulletin of the Seismological Society of America, v. 92, no. 7, p. 2637-2658.

Lienkaemper J J, Williams P L and Guilderson T P, 2010, Evidence for a twelfth large earthquake on the southern Hayward Fault in the past 1900 years: Bulletin of the Seismological Society of America, v. 100, no. 5A, p. 2024-2034, doi: 10.1785/0120090129.

Maffei, Janiele, 2010, The coming Bay Area earthquake—2010 update of scenario for a magnitude 7.0 earthquake on the Hayward Fault: Earthquake Engineering Research Institute Northern California Chapter, 115p., accessed April 12, 2017, at http://www.eerinc.org/wp-content/uploads/2009/06/Building_Earthquake_Resil-iency_in_SF_Bay_Area_V17-2.pdf.

National Research Council, 1994, Practical lessons from the Loma Prieta earthquake: Washington D.C., National Academy Press, 288p. doi: 10.17226/2269.

Northridge 20 Symposium, 2014, Northridge 20 Symposium summary report—The 1994 Northridge earthquake—Impacts, outcomes, and next steps: Northridge 20 Symposium, January 16-17, 2014, Los Angeles, California, 30p., accessed April 12, 2017, at http://www.northridge20.org/wp-content/uploads/2014/05/Northridge20_Summary_Report.pdf.

Porter K, Wein A, Alpers C, Baez A, Barnard P, Carter J, Corsi A, Costner J, Cox D, Das T, Dettinger M, Done J, Eadie C, Eymann M, Ferris J, Gunturi P, Hughes M, Jarrett R, Johnson L, Dam Le-Griffin H, Mitchell D, Morman S, Neiman P, Olsen A, Perry S, Plumlee G, Ralph M, Reynolds D, Rose A, Schaefer K, Serakos J, Siembieda W, Stock J, Strong D, Sue Wing I, Tang A, Thomas P, Topping K and Wills C, Jones L, chief scientist, Cox D, project manager, 2011, Overview of the ARkStorm scenario: U.S. Geological Survey Open-File Report 2010-1312, 183p. and appendixes, accessed April 10, 2017, at https://pubs.usgs.gov/of/2010/1312/.

Risk Management Solutions, Inc., 2008, 1868 Hayward earthquake—140-year retrospective: Risk Management Solutions, Inc., special report, revised 2013, 26p., accessed April 12, 2017, at http://forms2.rms.com/rs/729-DJX-565/images/eq_1868_hayward_eq_retrospective.pdf.

Ross S and Jones L, eds., 2013, The SAFRR (Science Application for Risk Reduction) tsunami scenario: U.S. Geological Survey Open-File Report 2013-1170 and California Geological Survey Preliminary Report 229, accessed April 11, 2017, at https://pubs.usgs.gov/of/2013/1170/.

San Francisco Bay Area Planning and Urban Research Association, 2010, After the disaster—Rebuilding our transportation infrastructure: San Francisco Bay Area Planning and Urban Research Association, 30p., accessed April 12, 2017, at http://www.spur.org/publications/spur-report/2010-07-06/after-disaster.

Steinbrugge K, Lagorio H J, Davis J F, Bennett J H, Borchardt G and Toppozada T R, 1987, Earthquake planning scenario for a magnitude 7.5 earthquake on the Hayward Fault in the San Francisco Bay area: California Department of Mines and Geology, Special Publication 78, 235p.

U. S. Geological Survey, 2014, Earthquake planning scenario—ShakeMap for Haywired M7.05 - scenario: U. S. Geological Survey web page, accessed April 11, 2017, at https://earthquake.usgs.gov/scenarios/eventpage/ushaywiredm7.05_se#shakemap? source=us&code=gllegacyhaywiredm7p05_se.

U. S. Geological Survey and cooperators, 1990, The next big earthquake in the Bay Area may come sooner than you think—Are you prepared?: U. S. Geological Survey, newspaper insert, 23p., accessed April 18, 2017, at https://pubs.er.usgs.gov/publication/70186988.

Working Group on California Earthquake Probabilities, 1990, Probabilities of large earthquakes in the San Francisco Bay region, California: U. S. Geological Survey Circular 1053, 51p., accessed April 11, 2017, at https://pubs.usgs.gov/circ/1990/1053/report.pdf.

附录 A-1　旧金山湾区地震情景和抗震韧性工作的历史

　　Algermissen 等（1972）和 Steinbrugge 等（1987）在前期对海沃德断层设定地震进行了的全面分析，他们重点关注断层发生 7.5 级地震情景时的生命线工程。1989 年 10 月 17 日 6.9 级洛马—普里塔地震，有助于形成对旧金山湾区地震易损性的关注和更具区域性的观点。诸如加利福尼亚州地震安全委员会（CSSC）1991 年的报告《洛马—普里塔的行动号召》（California Seismic Safety Commission（加利福尼亚地震安全委员会），1991）和美国国家研究委员会（NRC）1994 年的报告《洛马—普里塔地震的实际教训》（National Research Council（国家研究委员会），1994）等文件，建立了评估该地区当时的主要地震易损性和政策需求的基线，并为考虑该地区过去 26 年在这些问题上取得的进展建立了基线。但是，正如这些报告提醒的那样，1989 年的地震并不是对该地区建筑环境和防灾减灾的严格考验。

　　1989 年的洛马—普里塔地震与后续评估的结合，也有助于对旧金山湾区的地震易损性形成更综合性的区域观点，并鼓励人们作为一个地区在地震减灾、响应和恢复规划方面共同努力。报纸插页《旧金山湾区的下一次大地震可能比你想象的来得要早——你准备好了吗?》（U. S. Geological Survey and cooperators（美国地质调查局等），1990），于 1990 年首次出版，并于 1994 年更新和再版，是全面了解该地区地震风险和所需预防措施广泛传播的首批公共教育文件之一（图 A-6）。它使加州地震概率工作组 1990 年的报告《加州旧金山湾区大地震的概率》（Working Group on California Earthquake Probabilities（加州地震概率工作组），1990）受到公众更多的关注。该报告表明，该地区的高风险地质断层在未来 30 年内再次发生 7.0 级地震的可能性为 67%，与该工作组在 1988 年估计发生此类事件只有 50% 的可能性相比，这一风险大幅增加。

　　同样，在 20 世纪 80、90 年代，旧金山湾区区域防震减灾计划（BAREPP）的建立，帮助制定了地震安全的计划、示范政策和条例，并在地方政府、生命线供应商以及住房和商业部门建立了联盟。BAREPP 最初是由加州地震安全委员会（CSSC）组建，后来成为加州应急服务州长办公室（Cal OES）的一部分，并与湾区政府协会（ABAG）合并数年，直到 2000 年前后关闭，其工作人员大多被加州应急服务州长办公室（Cal OES）吸纳。

　　在 1995 年地震工程学会（EERI）的年会上，一个由多学科研究人员组成的小组对海沃德断层北段发生 7.2 级地震的潜在影响和相关问题进行了讨论，发现地震动主要沿着断层向南发展。此外，这是将地震易损性和政策需求的区域观点相结合的基础性工作，重点是放在旧金山湾高度城市化的东湾走廊上。Janiele Maffei 和地震工程学会（EERI）北加州分会在 2010 年的一份报告《即将到来的湾区地震——2010 年海沃德断层 7.0 级地震情景更新》中对该情景报告进行了概述和更新（Maffei, 2010）。这是对该地区减灾活动以及海沃德断层地震可能造成的影响的最新评估之一。整个报告汇总了在减轻关键基础设施地震风险、改进应急响应规划以及为处理易损的商业和住宅建筑而采取的初步措施方面所取得的进展。它是作为 1868 年海沃德地震 140 周年纪念活动的一部分开发的，还借鉴了 2008 年风险管理解决方案（RMS）特别报告《1868年海沃德地震：140周年回顾》（Risk Management Solutions, Inc.（风险管理解决方案公司），2008）中的震害和损失估计。RMS使用专有软件估计海沃德断层发生7.0级地震后地震动和震后火灾造成的住宅和商业地产的总经济损失为1743亿美元。Maffei（2010）总结道："进入新世纪的10年，我们还没有达到可以接受的地震安全水平，地震专业人员显然有必要继续进行宣传。但是，他们必须把自己的信息从封闭的空间中传达到所有领域的利益相关者。湾区的每个私人业主都必须了解将面临的损失，以及这些影响将如何损害我们在这个独特地区的生活质量。"2010年的经济衰退被认为限制了在抗震减灾方面的投资能力。

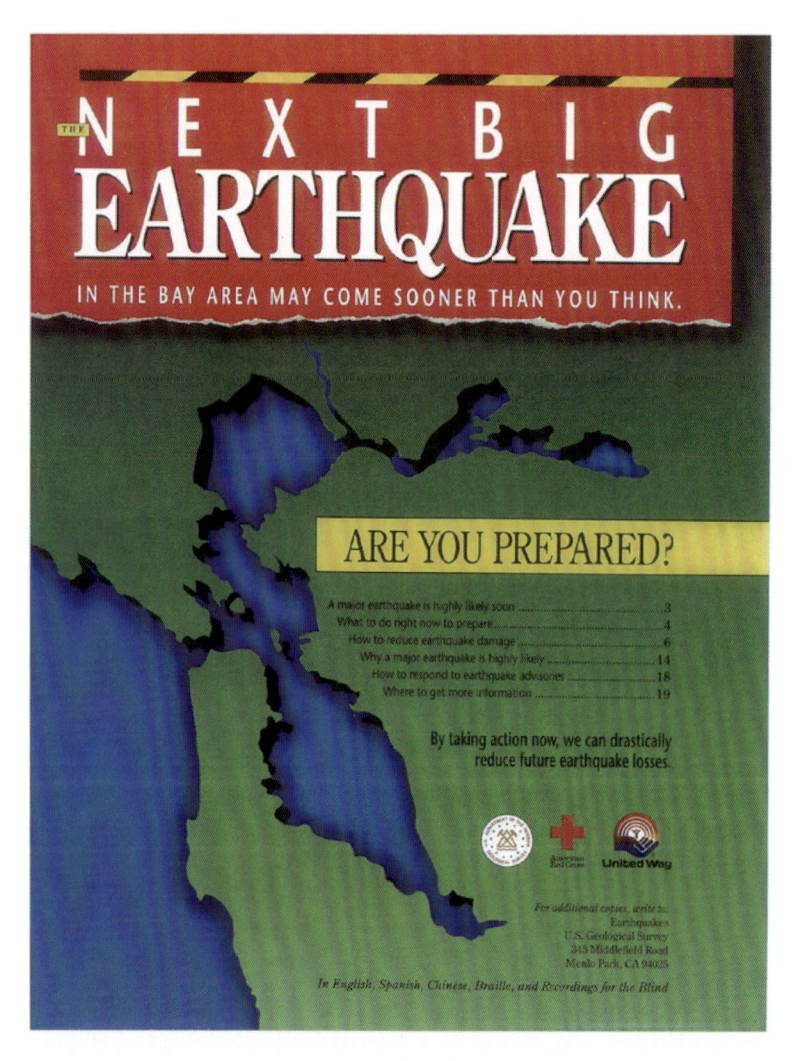

图 A-6 《旧金山湾区的下一次大地震可能比你想象的来得要早——你准备好了吗？》封面
(U.S. Geological Survey and cooperators（美国地质调查局等），1990)
这本1990年的报纸插页在1994年更新和再版，并在旧金山湾区的报纸中大规模发行。
它是对旧金山湾区地震风险和所需预防措施进行全面分析的首批文件之一

2006年，为纪念1906年圣安德列斯断层旧金山大地震100周年，进行了另一项重大的多学科情景和区域地震安全政策评估。地震工程学会（EERI）北加州分会致力于整合旧金山湾区地震安全方面的进展和需求，这些进展和需求包含在2006年周年会议简报《地震国家的风险管理——1906年旧金山地震重演的损失估计和北加州地震专业人员行动议程》中（EERI，2006）。加州应急服务州长办公室（Cal OES）、联邦应急管理局（FEMA）和其他组织也资助了在2006年会议上提出的情景构建，并将其作为加州应急服务州长办公室（Cal OES）领导的黄金卫士演习的基础（见http://cdphready.org/cal-oes-annual-exercise-series-goldenguardian/）。Kircher等在2006年的一篇论文《当大地震再次发生时——估计1906年旧金山地震重演造成的损失》（Kircher等，2006）中总结了这一情景结果。建模工作的一个主要特点是详细更新了北加州19个县的建筑存量，损失估计结果主要集中在人员伤亡、建筑物破坏和经济损失。

旧金山湾区其他区域的应急规划工作往往倾向于研究7.9级圣安德列斯断层大地震或7.0级海沃德断层地震，2006年和2008年的工作分别是这些地震的关键信息来源。从区域角度看，旧金山湾区其他值得注意的有关地震影响和需求的资源包括：

（1）旧金山城市规划研究协会（SPUR）2010年报告，《灾后：重建我们的交通基础设施》（San Francisco Bay Area Planning and Urban Research Association（旧金山城市规划研究协会），2010）。本报告研究每个狭长地带的交通系统的冗余程度，以及每个狭长地带甚至整个区域失效的影响。

（2）湾区城市地震灾难安全倡议计划（见http://www.bayareauasi.org/catastrophicplans/）。其中许多计划是在2010~2011年制定的，并采用了圣安德列斯断层7.9级地震情景。这些计划包括废墟清理、捐赠管理、临时住房、后勤、大规模护理和庇护、大规模死亡、大规模运输和疏散以及志愿者管理。

（3）湾区政府协会2014年报告，《级联失效：地震对交通和公用事业的威胁》（ABAG，2014b）。该报告不但考虑了海沃德断层7.0级、圣安德列斯断层7.9级和康科德断层6.8级地震情景对机场、交通、燃料、电力和供水的影响，还考虑了系统的相互依赖性。

（4）湾区政府协会2015年报告，《更坚固的住房，更安全的社区》（请参阅http://resilience.abag.ca.gov/projects/strong_housing_safer_communities_2015/）。该报告评估了该地区社区和房屋的地震和洪水易损性，并为地方政府提供了减轻这些风险的策略。对于地震易损性，它研究了可能在7.8级（圣安德列斯断层）和6.9级（海沃德断层）地震中发生强震动的区域，为社区易损性评估开发的数据将为海沃德地震情景的社区风险评估提供信息。

（5）加州应急服务州长办公室和联邦应急管理局2016年报告，《湾区地震规划》（Cal OES-FEMA，2016）。这是一份灾难规划文件，研究了海沃德断层7.0级地震和圣安德列斯断层7.9级地震情景，7.0级海沃德断层地震情景的震中位于里士满北部，向南破裂，有关该计划的视频，请访问https://www.fema.gov/media-library/assets/videos/118139/。

2014年分别是加州两次重大地震——1989年洛马—普里塔6.9级地震和1994年北岭6.7级地震——25周年和20周年。2014年1月和10月分别在洛杉矶和奥克兰举行了纪念研讨会，这两个专题研讨会都认可了过去几十年在加州完成的大量的抗震韧性工作（Association of Bay Area Governments（旧金山湾区政府协会），2014a；Northridge 20

Symposium（北岭地震20周年专题研讨会），2014）。

伯克利市的韧性策略（由洛克菲勒基金会——100个韧性城市倡议资助制定）（见 http://www.ci.berkeley.ca.us/Resilience/），还有旧金山（见 http://sfgsa.org/resilient-sf/）以及奥克兰的韧性策略（见 https://beta.oaklandca.gov/issues/resilientoakland/）提供了有关以往的地震风险评估、城市韧性投资以及未来的策略和规划更多的具体城市的信息。旧金山其他详细的地震风险评估包括：

（1）旧金山城市规划研究协会（SPUR）韧性城市倡议包含一系列政策文件，旨在改善旧金山生命线、新建建筑物和既有建筑物（特别是住房），以确保地震发生后居民在城市中的安全（请参阅 http://www.spur.org/featured-project/resilientcity）。

（2）地震安全咨询委员会（CAPSS）的研究评估了旧金山私人建筑的地震易损性，并根据一系列地震情景研究了潜在的减灾需求。随后，这项工作被纳入为期30年的包括50项任务的地震安全改进计划（ESIP）。CAPSS 和 ESIP 的文件可从 http://sfgov.org/esip/program/获得。

（3）旧金山生命线委员会关于生命线相互依赖性的研究（Johnson，洛杉矶，2014）为生命线运营商制定了一项为期5年的协同工作计划（请参阅 http://sfgov.org/esip/sites/default/files/Documents/homepage/LifelineCouncil%20Interdependency%20Study_FINAL.pdf）。

（4）旧金山市韧性策略（City and County of San Franciscol（旧金山市），2016）为灾害规划提供了一种综合方法（请参阅 http://sfgov.org/orr/resilient-san-francisco/）。

湾区政府协会的洛马—普里塔（LP）第25号报告（Association of Bay Area Governments（旧金山湾区政府协会），2014a）确定了四个重大地震安全问题，这些问题仍存在重大的政策差距，并鼓励旧金山湾区的100多个城市共同努力制定区域立法议程：

（1）更新建筑规范——采用建筑规范标准，以提高新建建筑和既有建筑的抗震性态，并确保建筑规范符合社区性态的预期。

（2）升级易损的公寓——制定全州范围的抗震不安全的公寓建筑的识别、评估和改造指南。

（3）制定财政激励措施——建立区域性的金融激励计划，提高公寓建筑的地震安全。

（4）召集各个城市的生命线运营商——成立州级生命线委员会，并在旧金山湾区和南加州地区召开区域性生命线委员会。

B 海沃德地震情景之地震危险性概述

Ruth A. Harris

一、引言

海沃德地震情景这一设定地震序列被用来更好地了解旧金山湾区在海沃德断层7级地震发生时和发生后的地震危险性。据加州地震发生概率工作组计算，海沃德断层在未来几十年发生大地震（不低于6.7级）的可能性为33%（Aagaard等，2016）。海沃德断层大地震将会产生强震动、地表永久位移、滑坡、液化（土壤在振动中变成液体状）以及后续地震（即余震）。

海沃德断层上最近的大地震发生于1868年10月21日，这次地震破裂了海沃德断层南段。1868年6.8级海沃德地震发生时，旧金山湾区的人口、建筑物和基础设施（道路、通信线路和市政设施）比现在少得多，然而地震引起的强震动仍然造成了建筑物的严重破坏和人员伤亡（图B-1）。由于现在该地区人口密集，具有更多的房屋、建筑物和重要基础设施，下一次海沃德断层大地震预计将影响数千个建筑物，打乱数百万人的生活。为了提供旧金山湾区为下一次大地震做准备所需的重要科学信息，海沃德地震情景构建之地震危险性卷介绍了模拟的地震情景的强震动以及震动将引起的危险地面运动。

二、主震建模

海沃德地震情景主震是2018年4月18日下午4时18分于奥克兰市下方8km（约5英里）深的海沃德断层上发生的7.0级设定地震的三维计算机模拟（本卷）。海沃德断层在1分钟内从北部的圣巴勃罗湾至南部的弗里蒙特破裂了超过83km（约52英里）。地震情景主震在断层南部和北部均产生地面位错。海沃德地震情景主震比1868年海沃德地震更大，在旧金山湾区大部分地区产生强震动。确定并理解未来可能发生的大地震的影响有赖于地震动的真实估计。海沃德地震情景主震强震动的三维计算机模拟改进了完全基于地震动预测方程而不考虑旧金山湾区地质如何影响地震的细节的模拟（第H章），一般来说，强震动主要受到三个因素的影响：①地震震级、②局部场地（例如建筑物）至地震的距离、③场地地质条件。海沃德地震情景主震模拟的其他主要部分包括湾区（尤其是盆地）三维地壳结构以及对海沃德断层在大地震间隙的缓慢滑动（蠕变）这一事实的解释。旧金山湾区超过40%的区域的地震烈度超过Ⅶ度（修正麦卡利烈度，MMI），这意味着施工优良的建筑物轻微或中等破坏，施工粗劣的建筑物严重破坏（图B-2）。

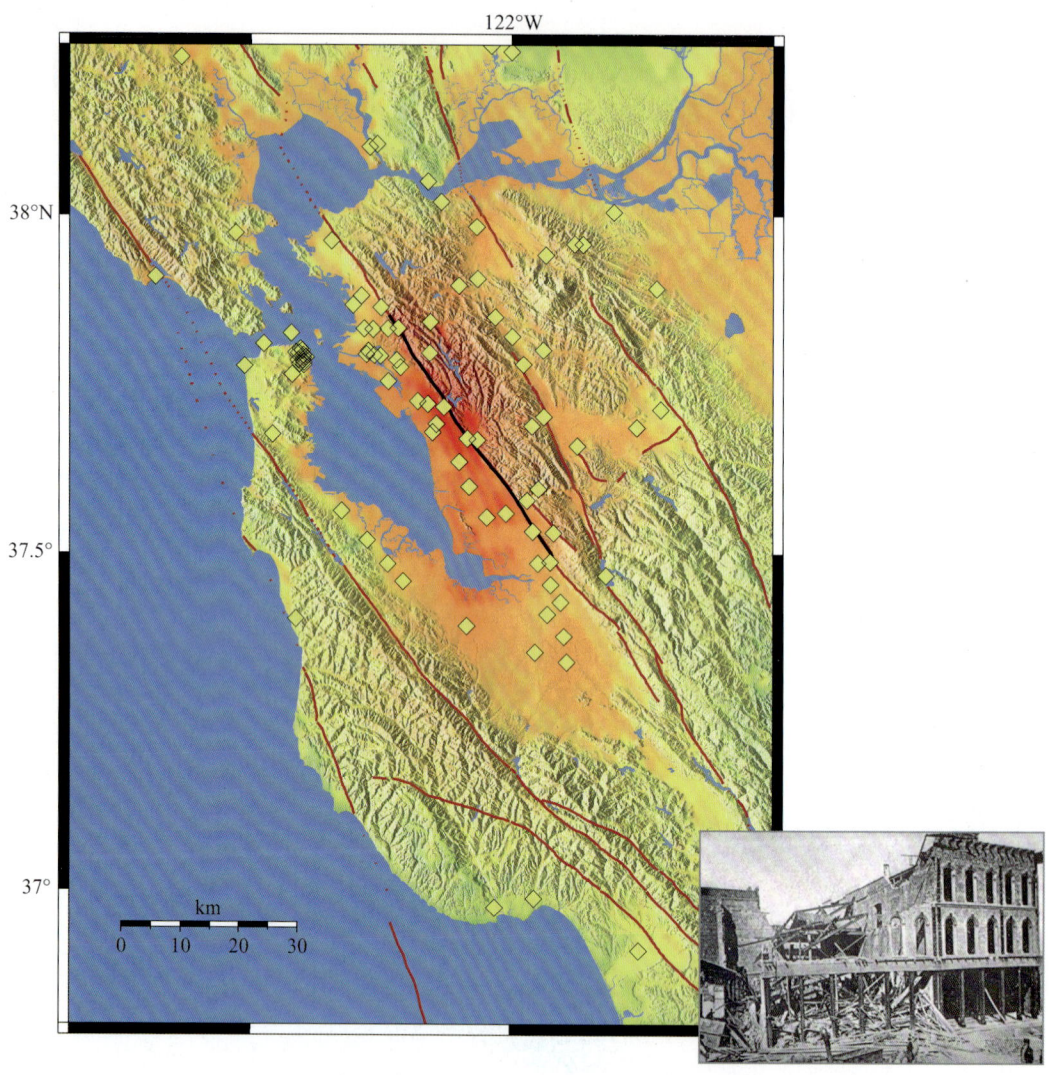

震感	无感	微弱	轻微	中等	强	极强	强烈	猛烈	极猛烈
破坏情况	无	无	无	极轻微	轻微	中等	中等或严重	严重	极严重
MMI	I	II~III	IV	V	VI	VII	VIII	IX	X

图 B-1　美国地质调查局（USGS）推断的 1868 年 6.8 级海沃德地震中加州旧金山湾区地震烈度震动图（与图 B-2 中震级更大的海沃德地震情景主震对比）

(图片修改自 Boatwright 和 Bundock（2008））

红线表示地质断层，黑线表示海沃德断层在 1868 年地震中破裂的部分，菱形表示用来推断 1868 年海沃德地震修正麦卡利烈度（MMI）的破坏报告的位置，1868 年海沃德地震在整个湾区破坏或毁坏了大量建筑物并造成了 30 人死亡，插图照片显示了位于现在旧金山金融区的一栋毁坏的建筑（加州大学伯克利分校地震工程研究中心 Karl V. Steinbrugge 提供）

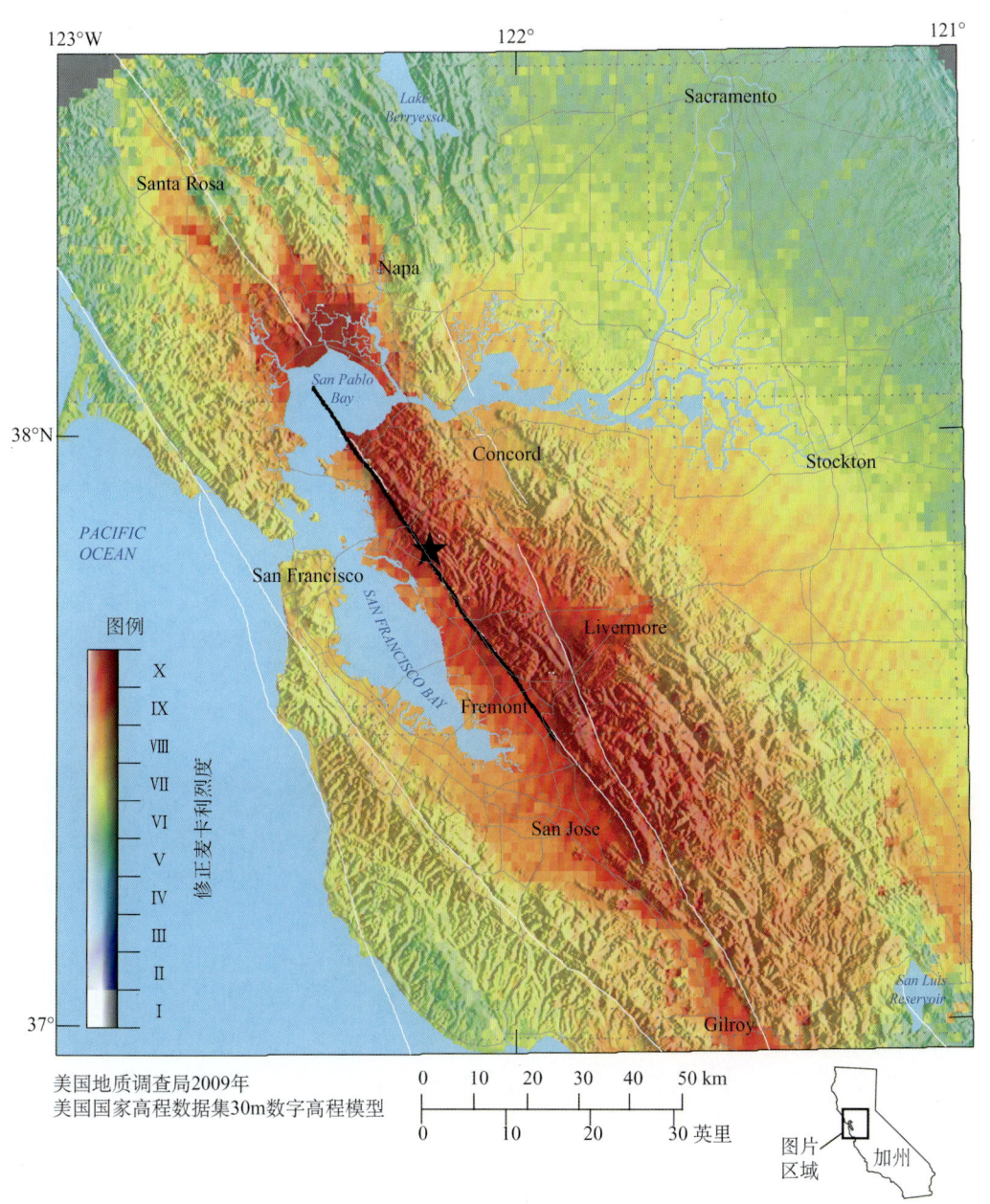

B 海沃德地震情景之地震危险性概述

震感	无感	微弱	轻微	中等	强	极强	强烈	猛烈	极猛烈
破坏情况	无	无	无	极轻微	轻微	中等	中等或严重	严重	极严重
加速度峰值/(%g)	<0.05	0.3	2.8	6.2	12	22	40	75	>139
速度峰值/(cm/s)	<0.02	0.1	1.4	4.7	9.6	20	41	86	>178
仪器烈度	Ⅰ	Ⅱ～Ⅲ	Ⅳ	Ⅴ	Ⅵ	Ⅶ	Ⅷ	Ⅸ	Ⅹ

图 B-2 海沃德断层上海沃德地震情景 7 级主震中加州旧金山湾区的模拟地震动图

将地震动着色以便从多个角度显示其强度，包括震感、破坏情况、峰值加速度（peak acc.；%g：地表重力加速度的百分比）、峰值速度（peak vel.；cm/s）、仪器烈度（修正麦卡利烈度估计值）。修正麦卡利烈度描述了对地震的感觉和地震的影响。主震发生于奥克兰市（星形）下方，沿海沃德断层破裂了83km（约52英里，黑色粗实线），引起整个湾区的强震动（图片修改自本卷）

Concord：康科德；Fremont：弗里蒙特；Gilroy：吉尔罗伊；Lake Berryessa：贝利萨湖；Livemore：利弗莫尔；Napa：纳帕；PACIFIC OCEAN：太平洋；Sacramento：萨克拉门托；San Francisco：旧金山；SAN FRANCISCO BAY：旧金山湾；San Jose：圣何塞；San Luis Reservoir：圣路易斯水库；San Pablo Bay：圣巴勃罗湾；Santa Rosa：圣罗莎；Stockton：斯托克顿

三、断层滑动

海沃德地震情景主震造成海沃德断层南部和北部的滑动（断层两侧相对运动）（第 D 章），断层与地表相交处（称为断层迹线）沿断层的滑动量值得关注，因为跨断层的生命线（例如，交通基础设施和地下设施）和其他建筑物需能够适应大地震发生时和发生后的断层运动。为研究海沃德地震情景中的断层迹线滑动，采用了海沃德地震情景主震的一种情况，假设突然滑动出现在圣巴勃罗湾到弗里蒙特的海沃德断层迹线上，最大滑动在圣巴勃罗地区，超过 2m（约 7 英尺），还计算了海沃德地震情景主震及其强震动之后断层上持续时间更长的滑动（即震后余滑），海沃德断层可能会发生高达 0.5~1.5m 的额外的断层迹线滑动（即震后余滑），其中大部分震后余滑发生于主震后第一个月内。

四、液化

海沃德断层大地震将造成液化，尤其是在旧金山湾边缘的饱和软土中（第 F 章）。液化是地震诱发地面破坏的一种类型，强震动时坚硬的地面暂时转变为软化或液体状态。由于浅层土的沉降、扩张、横向运动，液化会造成生命线、结构及其基础的严重破坏，并对路堤、堤坝和大坝等工程结构造成破坏。

对于海沃德地震情景，设定主震的强震动被用来估计并绘制阿拉米达县西部和圣克拉拉县北部的液化概率图（图 B-3），液化估计中采用了土壤强震动反应的信息、加州地质调查局的地下水位深度数据以及显示小于 260 万年（第四纪或更晚）沉积层的旧金山湾区地质图，在土壤强震动反应信息不足的地区，采用美国联邦应急管理局（FEMA）的 Hazus 计算机程序来识别可能液化的地区。

对于海沃德地震情景，阿拉米达县西部主要溪流流域和旧金山湾边缘的人工回填区的液化概率高达 0.75，海沃德地震情景也在弗里蒙特市采石场湖区休闲区以及弗里蒙特和利弗莫尔之间的阿拉米达溪、拉古纳溪、谷溪流域引起高液化概率，阿拉米达县西部沿海的北部的液化概率也超过 0.4~0.5，大部分沿海地区是已开发的地区，例如阿拉米达市、奥克兰市和海沃德市沿海地区。海沃德地震情景中圣克拉拉谷的液化概率最高约为 0.5，其中旧金山湾最南部以及瓜达卢佩河和郊狼溪沿岸液化概率为 0.4~0.5。

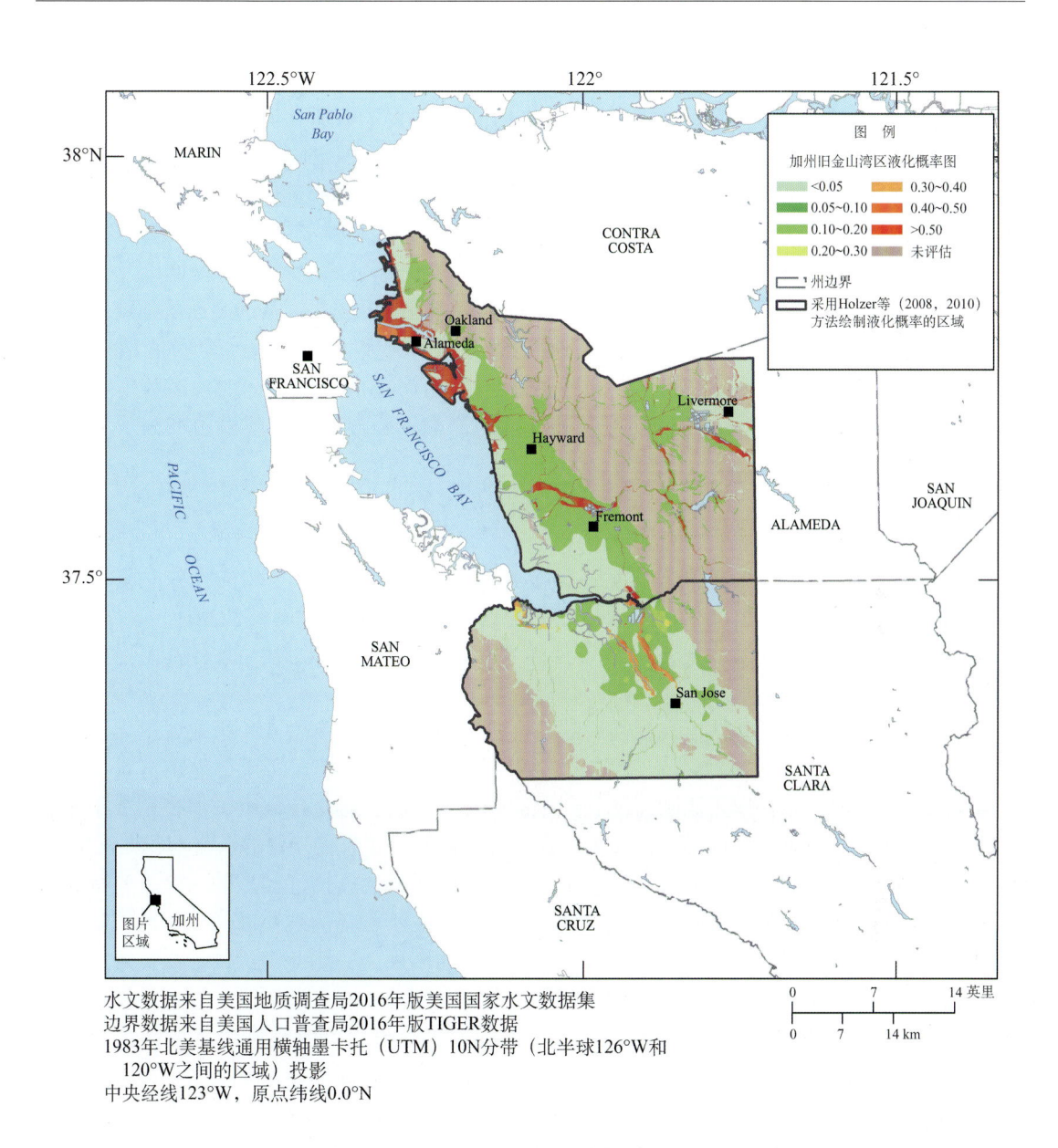

B 海沃德地震情景之地震危险性概述

水文数据来自美国地质调查局2016年版美国国家水文数据集
边界数据来自美国人口普查局2016年版TIGER数据
1983年北美基线通用横轴墨卡托（UTM）10N分带（北半球126°W和120°W之间的区域）投影
中央经线123°W，原点纬线0.0°N

图 B-3 加州旧金山湾区地图，图中展示了海沃德断层上海沃德地震情景7.0级主震的强震动引起的阿拉米达县西部和圣克拉拉县北部的液化概率图（第F章）

液化：土壤在振动中变为液体状

Alameda：阿拉米达；ALAMEDA：阿拉米达；CONTRA COSTA：康特拉科斯塔；Fremont：弗里蒙特；Hayward：海沃德；Livermore：利弗莫尔；MARIN：马林；Oakland：奥克兰；PACIFIC OCEAN：太平洋；SAN FRANCISCO：旧金山；SAN FRANCISCO BAY：旧金山湾；SAN JOAQUIN：圣华金；San Jose：圣何塞；SAN MATEO：圣马特奥；San Pablo Bay：圣巴勃罗湾；SANTA CLARA：圣克拉拉；SANTA CRUZ：圣克鲁斯

五、滑坡

在海沃德地震情景中，设定主震在整个旧金山湾区诱发了滑坡（第 G 章），采用区域地质图、加州地质调查局编制的地质材料强度参数、根据美国地质调查局 2009 年美国国家高程数据集计算的 10m（约 33 英尺）分辨率的坡度数据，假定山坡不饱和，计算了强震动在旧金山湾周围 10 个县引发的可能的斜坡失稳（滑坡）。

海沃德地震情景中最大滑坡概率超过 32%，发生在陡峭或非常陡峭的斜坡以及原有的滑坡上（图 B-4）。海沃德断层附近地震动最强烈的地区的缓坡上以及远离断层地震动更弱的陡坡上发生滑坡的概率较低。对于海沃德地震情景，7 级主震中地震动峰值预期超过 20cm/s（约 8 英寸每秒）的区域是用于损失估计的发生严重滑坡的地区。大多数地震诱发滑坡评估模型主要是对滑坡发生的研究，并不能预测滑动距离，即滑坡沿山坡向下移动多么远。

六、余震

余震在海沃德地震情景 7 级主震后发生（第 G 章）。大地震有时被视为独立事件，然而，这种情况很少出现。相反，在随后的几分钟到几年时间内附近的其他地震（余震）以及偶尔发生的、距离更远的"触发"地震伴随着大地震发生，余震是大地震后地壳重新调整的结果。

对于海沃德地震情景，估计在主震后的几个月到几年时间内发生 6.4 级或者更大余震的可能性至少为 1/5。基于全球数十年余震观测的统计方法被用来模拟海沃德地震情景主震后前两年的余震序列。尽管海沃德断层地震产生的余震预计将持续 2 年以上，但采用 2 年的余震时间线与美国联邦应急管理局（FEMA）旧金山湾区灾难性地震计划的恢复期相匹配的。

模拟了海沃德地震情景 7 级主震后发生的余震。海沃德余震估计模型的一个重要特征是仅基于统计计算确定了余震发生的位置，余震不一定发生于已知的地质断层上。地质学家认为大地震在空间上并不是随机发生的，而是发生于地质断层上，因此海沃德地震情景的最大余震（大于 6 级）转移到附近已知断层上发生（图 B-5）。

如根据余震位置一般假设预期的那样，模拟的大多数海沃德余震发生于海沃德断层附近，这是因为海沃德地震情景主震就发生于该断层上，但海沃德地震情景确实包括了一些远离海沃德断层的余震，包括在旧金山湾区最远的地方。大量的海沃德地震情景余震，尤其是最大余震，可能在整个旧金山湾区有感并造成破坏。

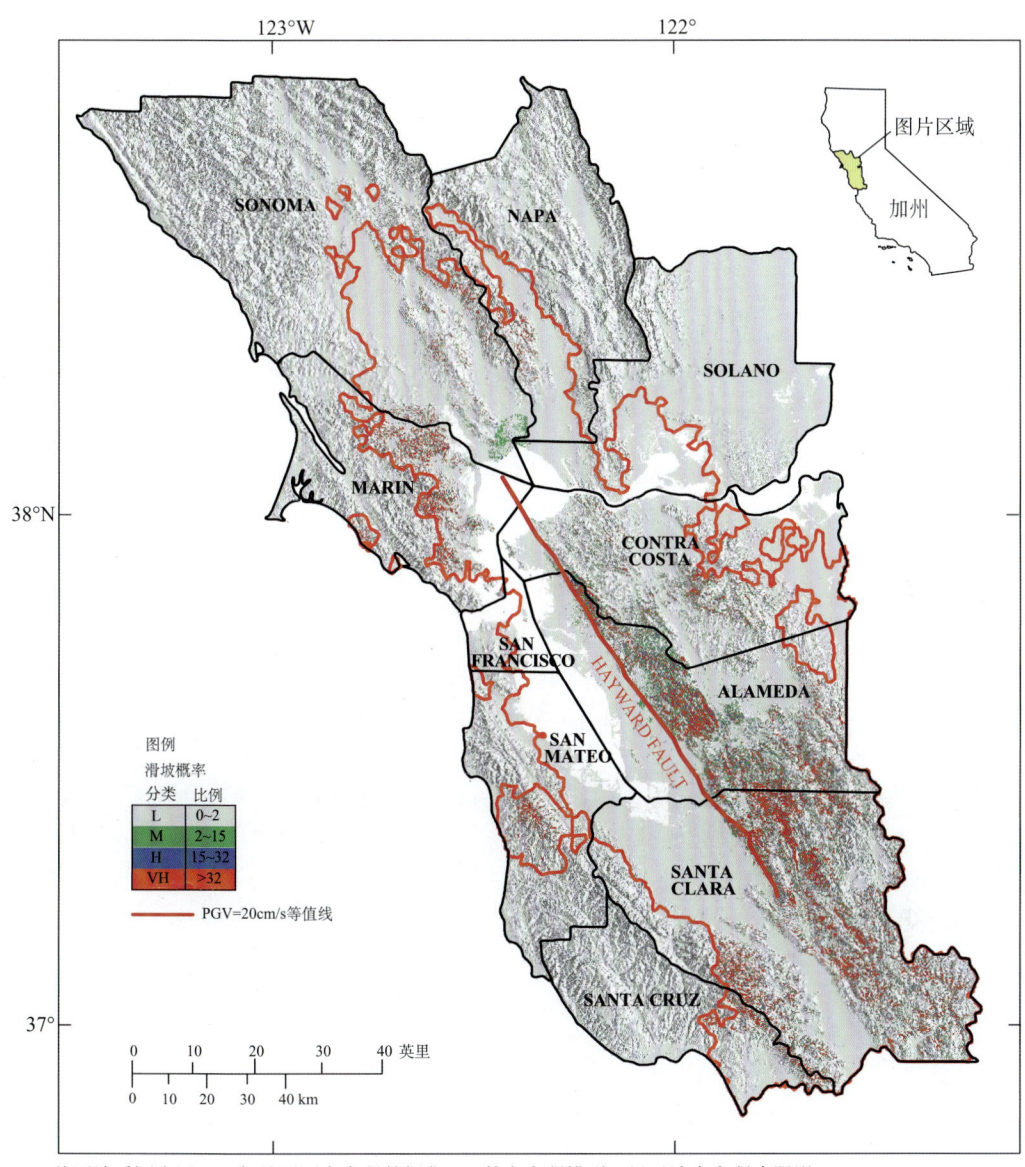

B 海沃德地震情景之地震危险性概述

美国地质调查局2009年美国国家高程数据集10m数字高程模型，显示地表高程为阴影。
州界来自加州林业和消防局，2009年

图B-4 海沃德断层上海沃德地震情景7级主震中地震动引起的加州旧金山湾区10县的滑坡概率图
红色等值线勾勒出了地震动（峰值地面速度，PGV）超过20cm/s（约8英寸每秒）的区域
滑坡概率：L：低概率；M：中等概率；H：高概率；VH：极高概率（修改自第G章）

ALAMEDA：阿拉米达；CONTRA COSTA：康特拉科斯塔；MARLIN：马林；NAPA：纳帕；
SAN FRANCISCO：旧金山；SAN MATEO：圣马特奥；SANTA CLARA：圣克拉拉；
SANTA CRUZ：圣克鲁斯；SOLANO：索拉诺；SONOMA：索诺玛

译者注：原图经度"121°"，译者修正为"123°W"

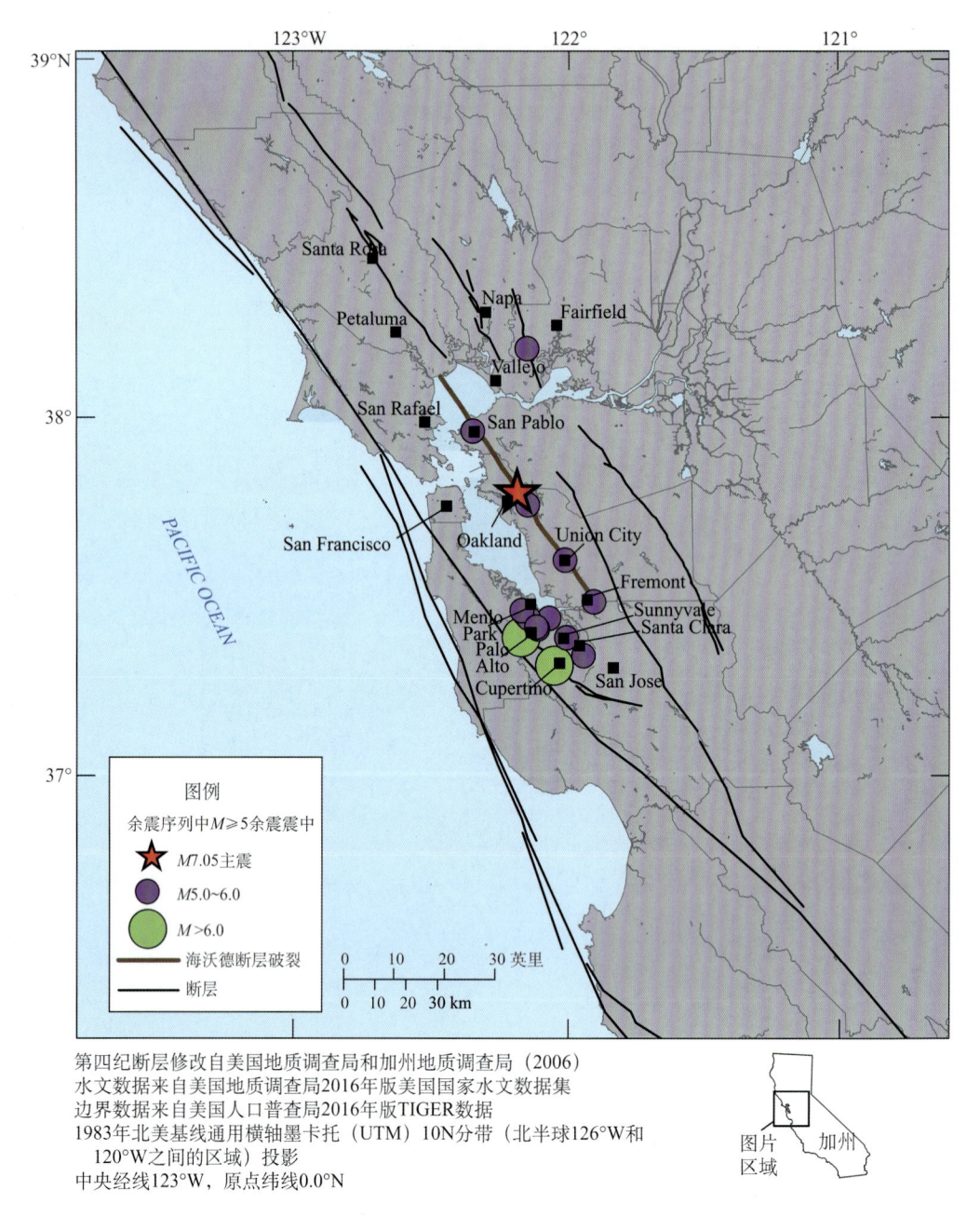

图 B-5 加州旧金山湾区地区，展示了海沃德断层上海沃德地震情景 7 级主震后 5 级或更大的余震
图中未显示发生于海沃德断层上的 5 级以下的大量余震
（详见第 G 章图 G-5 和图 G-6）（第 G 章）

Cupertino：库比蒂诺；Fairfield：费尔菲尔德；Fremont：弗里蒙特；Menlo Park：门洛帕克；Napa：纳帕；Oakland：奥克兰；PACIFIC OCEAN：太平洋；Palo Alto：帕洛阿尔托；Petaluma：佩特卢马；San Francisco：旧金山；San Jose：圣何塞；San Pablo：圣巴勃罗；San Rafael：圣拉斐尔；Santa Clara：圣克拉拉；Santa Rosa：圣罗莎；Sunnyvale：森尼维尔；Union City：联合城；Vallejo：瓦列霍

七、结论

海沃德地震情景之地震危险性概述章概述了各章作者的主要研究成果。各章作者均对未来研究工作提出了建议，这些建议包括海沃德断层等蠕滑型断层如何发生大地震以及随后的断层滑动的后续研究和岩土地震反应的研究。详细研究请参阅本卷各章节，海沃德地震情景各卷出版后，可登录 https：//doi.org/10.3133/sir20175013 获取。

参 考 文 献

Aagaard B T, Blair J L, Boatwright J, Garcia S H, Harris R A, Michael A J, Schwartz D P and DiLeo J S, 2016, Earthquake outlook for the San Francisco Bay region 2014 – 2043（ver.1.1, August 2016）: U.S. Geological Survey Fact Sheet 2016 – 3020, 6p., accessed April 10, 2017, at http://dx.doi.org/10.3133/fs20163020.

Association of Bay Area Governments, 2014a, LP25—Policy Actions, Loma Prieta 25 Symposium: Association of Bay Area Governments, accessed March 31, 2017, at http://resilience.abag.ca.gov/wp-content/documents/LP25/LP25_PolicyActions.pdf.

Association of Bay Area Governments, 2014b, Cascading failures—Earthquake threats to transportation and utilities: Association of Bay Area Governments, 47p., accessed April 12, 2017, at http://resilience.abag.ca.gov/wp-content/documents/Cascading_Failures/InfrastructureReport_2014.pdf.

Boatwright John and Bundock Howard, 2008, Modified Mercalli Intensity Maps for the 1868 Hayward earthquake plotted in ShakeMap format: U.S. Geological Survey Open-File Report 2008–1121, accessed April 11, 2017, at https://pubs.usgs.gov/of/2008/1121/.

California Governor's Office of Emergency Services and Federal Emergency Management Agency, 2016, Bay Area earthquake plan: California Governor's Office of Emergency Services and Federal Emergency Management Agency, 46p., accessed April 12, 2017, at http://www.caloes.ca.gov/PlanningPreparednessSite/Documents/BayAreaEQConops（Pub_Version）_2016.pdf.

California Seismic Safety Commission, 1991, Loma Prieta's call to action—Report on the Loma Prieta earthquake of 1989: California Seismic Safety Commission, 97p., accessed April 12, 2017, at https://ia801402.us.archive.org/33/items/lomaprietascallt1991cali/lomaprietascallt1991cali.pdf.

City and County of San Francisco, 2016, Resilient San Francisco, stronger today, stronger tomorrow: City and County of San Francisco, 137p., accessed April 12, 2017, at http://sfgov.org/orr/sites/default/files/documents/Resilient%20San%20Francisco_0.pdf.

Earthquake Engineering Research Institute, 1996, Scenario for a magnitude 7.0 earthquake on the Hayward Fault: Oakland, Calif., Earthquake Engineering Research Institute, 109p.

Earthquake Engineering Research Institute, 2006, Managing risk in earthquake country—Estimated losses for a repeat of the 1906 San Francisco earthquake and the earthquake professionals' action agenda for northern California: Earthquake Engineering Research Institute, 24p., accessed April 12, 2017, at http://www.1906eqconf.org/mediadocs/managingrisk.pdf.

Johnson L A, 2014, Lifelines interdependency study I report: City and County of San Francisco Lifelines Council, 47p., accessed April 12, 2017, at http://sfgov.org/esip/sites/default/files/Documents/homepage/LifelineCouncil%20Interdependency%20Study_FINAL.pdf.

Joint Ventures Silicon Valley, 2017, Silicon Valley index: Joint Ventures Silicon Valley web page, accessed February 28, 2017, at http://www.siliconvalleyindicators.org/.

Jones L M, Bernknopf R, Cox D, Goltz J, Hudnut K, Mileti D, Perry S, Ponti D, Porter K, Reichle M, Seligson H, Shoaf K, Treiman J and Wein A, 2008, The ShakeOut scenario: U. S. Geological Survey Open-File Report 2008-1150 and California Geological Survey Preliminary Report 25, 312p. and appendixes, accessed April 12, 2017, at https://pubs.usgs.gov/of/2008/1150/.

Kircher C A, Seligson H A, Bouabid J and Morrow G C, 2006, When the big one strikes again—Estimated losses due to a repeat of the 1906 San Francisco earthquake: Earthquake Spectra, v. 22, no. S2, p. S297-S339, accessed April 12, 2017, at http://www.nehrpscenario.org/wp-content/uploads/2009/03/kircher_etal.pdf.

KQED, 2014, 25 years after the Loma Prieta earthquake, are we safer?: KQED Science web page, accessed April 11, 2017, at https://ww2.kqed.org/science/2014/10/13/25-years-after-the-loma-prieta-earthquake-are-we-safer/.

Lawson A C, chairman, 1908, The California earthquake of April 18, 1906—Report of the State Earthquake Investigation Commission: Washington D. C., Carnegie Institution of Washington Publication 87, 2vols.

Lienkaemper J J, Dawson T E, Personius S F, Seitz G G, Reidy L M and Schwartz D P, 2002, A record of large earthquakes on the southern Hayward Fault for the past 500 years: Bulletin of the Seismological Society of America, v. 92, no. 7, p. 2637-2658.

Lienkaemper J J, Williams P L and Guilderson T P, 2010, Evidence for a twelfth large earthquake on the southern Hayward Fault in the past 1900 years: Bulletin of the Seismological Society of America, v. 100, no. 5A, p. 2024-2034, doi: 10.1785/0120090129.

Maffei Janiele, 2010, The coming Bay Area earthquake—2010 update of scenario for a magnitude 7.0 earthquake on the Hayward Fault: Earthquake Engineering Research Institute Northern California Chapter, 115p., accessed April 12, 2017, at http://www.eerinc.org/wp-content/uploads/2009/06/Building_Earthquake_Resiliency_in_SF_Bay_Area_V17-2.pdf.

National Research Council, 1994, Practical lessons from the Loma Prieta earthquake: Washington D. C., National Academy Press, 288p., doi: 10.17226/2269.

Northridge 20 Symposium, 2014, Northridge 20 Symposium summary report—The 1994 Northridge earthquake—Impacts, outcomes, and next steps: Northridge 20 Symposium, January 16-17, 2014, Los Angeles, California, 30p., accessed April 12, 2017, at http://www.northridge20.org/wp-content/uploads/2014/05/Northridge20_Summary_Report.pdf.

Porter K, Wein A, Alpers C, Baez A, Barnard P, Carter J, Corsi A, Costner J, Cox D, Das T, Dettinger M, Done J, Eadie C, Eymann M, Ferris J, Gunturi P, Hughes M, Jarrett R, Johnson L, Dam Le-Griffin H, Mitchell D, Morman S, Neiman P, Olsen A, Perry S, Plumlee G, Ralph M, Reynolds D, Rose A, Schaefer K, Serakos J, Siembieda W, Stock J, Strong D, Sue Wing I, Tang A, Thomas P, Topping K and Wills C, Jones L, chief scientist, Cox D, project manager, 2011, Overview of the ARkStorm scenario: U. S. Geological Survey Open-File Report 2010-1312, 183p. and appendixes, accessed April 10, 2017, at https://pubs.usgs.gov/of/2010/1312/.

Risk Management Solutions, Inc., 2008, 1868 Hayward earthquake—140-year retrospective: Risk Management Solutions, Inc., special report, revised 2013, 26p., accessed April 12, 2017, at http://forms2.rms.com/rs/729-DJX-565/images/eq_1868_hayward_eq_retrospective.pdf.

Ross S and Jones L, eds., 2013, The SAFRR (Science Application for Risk Reduction) tsunami scenario: U. S. Geological Survey Open-File Report 2013-1170 and California Geological Survey Preliminary Report 229, accessed April 11, 2017, at https://pubs.usgs.gov/of/2013/1170/.

San Francisco Bay Area Planning and Urban Research Association, 2010, After the disaster—Rebuilding our transportation infrastructure: San Francisco Bay Area Planning and Urban Research Association, 30p., accessed April 12, 2017, at http://www.spur.org/publications/spur-report/2010-07-06/after-disaster.

Steinbrugge K, Lagorio H J, Davis J F, Bennett J H, Borchardt G and Toppozada T R, 1987, Earthquake planning scenario for a magnitude 7.5 earthquake on the Hayward Fault in the San Francisco Bay area: California Department of Mines and Geology, Special Publication 78, 235p.

U.S. Geological Survey, 2014, Earthquake planning scenario—ShakeMap for Haywired M7.05 - scenario: U.S. Geological Survey web page, accessed April 11, 2017, at https://earthquake.usgs.gov/scenarios/eventpage/ushaywired$M$7.05_se#shakemap?source=us&code=gllegacyhaywired$M$7p05_se.

U.S. Geological Survey and cooperators, 1990, The next big earthquake in the Bay Area may come sooner than you think—Are you prepared?: U.S. Geological Survey, newspaper insert, 23p., accessed April 18, 2017, at https://pubs.er.usgs.gov/publication/70186988.

Working Group on California Earthquake Probabilities, 1990, Probabilities of large earthquakes in the San Francisco Bay region, California: U.S. Geological Survey Circular 1053, 51p., accessed April 11, 2017, at https://pubs.usgs.gov/circ/1990/1053/report.pdf.

C 海沃德地震情景主震地震动

Brad T. Aagaard[①]　John L. Boatwright[①]　Jamie L. Jones[①]
Tim G. MacDonald[①]　Keith A. Porter[②]　Anne M. Wein[①]

一、摘要

海沃德地震情景是假设于 2018 年 4 月 18 日 16 时 18 分在加州旧金山湾区东湾的海沃德断层上发生的矩震级（M_W）7.0 地震（主震）。确定并理解未来可能发生的大地震的影响有赖于地震动的真实估计，海沃德地震情景主震的地震动来自一次 7.0 级地震的三维计算机模拟，该模拟体现了：①海沃德断层复杂几何结构上断层滑动的变异性；②破裂始于奥克兰市下方特定点的影响；③地震波在旧金山湾区的复杂地质构造中的传播，上述影响引起了复杂的震动模式，有些特征与这个地震情景的参数选取有关，例如断层面上起始破裂的位置和滑动分布，其他特征则具有一般性，这由于地质构造已知的变化导致了有些地区总是比其他地区的地震动更强烈。

二、引言

断层一侧相对另一侧的突然滑动通过辐射地震波的方式释放应变能，当地震波抵达地表时，地面震动让我们觉察到地震波的传播，强震动能致人摔倒，造成地面破坏（具体表现为裂缝、液化、滑坡、侧向扩张），并大量破坏建筑物、道路、管线和其他结构，估计大地震的破坏及其他影响有赖于地震动的准确估计。

地震动取决于三个主要效应以及其他虽小但也很重要的次要效应。第一个因素是震级，越大的地震释放越多的应变能，意味着地震波携带越多的能量，地震震级与破裂断层的长度和深度以及滑动量有关。第二个因素是距断层的距离，由于辐射的能量从破裂断层向外传播时扩散到更大的体积上，随着地震波远离断层，其幅值减小，因此距离破裂断层越远的地点地震动越弱。第三个因素是土壤条件，即某一地点的土壤或岩石特性影响地震动的幅值和持时，在其他条件相同的情况下，更软的土壤（例如盆地或河谷的冲积层）一般会引起比附近岩石更强的地震动。次要因素包括：①方向性，即地震动主要集中于沿断层的破裂传播方向；②辐射模式，即与破裂断层走向和滑动方向相关的能量分布的变化；③滑动量的空间变异性，即靠近断层上更大滑动的地方具有更强的地震动。

为了确定结构对地震动的响应，工程师采用几种指标来量化地震动，包括：峰值水平地面加速度（PGA）、峰值水平地面速度（PGV）以及多个振动周期（特别是 0.3、1.0 和

[①] 美国地质调查局。
[②] 科罗拉多大学博尔特分校。

3.0s）的5%阻尼比加速度反应谱（SA），SA可被认为是由于建筑物底部的地震动而在建筑物顶部测得的PGA，振动周期与建筑物的高度有关，例如：低层建筑物约为0.3s，12层建筑物约为1.0s，40层建筑物约为3.0s，换言之，在12层建筑物底部作用周期1.0s的SA为0.5g的地震动时，建筑物顶部的加速度为0.5g。

修正麦卡利烈度（MMI）表中的主观术语也常被用来表示地震动，根据地震破坏和人的反应来量化MMI，但也可以通过仪器测定的PGV和PGA来估计MMI，例如，震动图（ShakeMaps）描绘了基于PGA和PGV以及采用地震动与烈度转换关系估计的MMI（例如：Wald等，2005；Worden等，2012）。

三、海沃德地震情景主震

海沃德地震情景是假设于2018年4月18日16时18分在加州旧金山湾区东湾的海沃德断层上发生的矩震级（M_W）7.0地震，这一地震情景主震是Aagaard等（2010a）建立的39个海沃德地震情景中的一个（即HS+HNG04HypoO），地震情景参数采用了过去几十年收集的大量的地质构造和地球物理资料，地震情景包括了基于断层地表迹线和深部微震位置的海沃德断层三维几何结构，破裂始于奥克兰市下方，断层滑动向北延伸至圣巴勃罗湾，向南延伸至弗里蒙特市（图C-1），断层上的滑动是不均匀，包括高滑动和低滑动的斑块，这与其他断层上地震的观测结果一致，此外，在其他研究（例如：Funning等，2007）发现的震间蠕变区（几乎连续或间歇的缓慢滑动）滑动逐渐减小，本卷中，Aagaard、Schwartz等探讨了地表同震滑动和主震破裂引发的蠕变（震后滑动）。

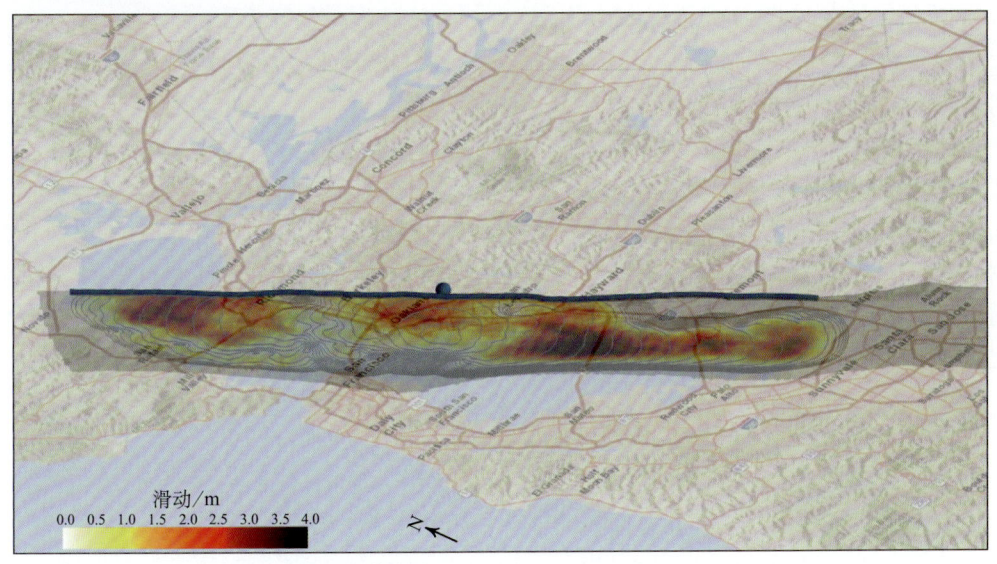

底图版权属于OpenStreetMap用户和GIS用户社区

图C-1 加州旧金山湾区地图，图中展示了海沃德地震情景7级主震在海沃德断层上的滑动分布和破裂传播

白、黄、红、黑四种颜色表示海沃德断层上的滑动分布，灰色等值线表示始于震中（起始破裂点）以1s间隔的断层破裂传播前缘，蓝色粗实线表示断层地表迹线，蓝色球体表示震中

根据断层上的滑动，三维计算机模拟求解了长250km、宽100km、深40km区域内的波动方程，美国地质调查局（USGS）湾区地震波速模型08.3.0（Aagaard等，2010b）描述了三维地下结构的特性，包括不同的地质构造单元及其密度、刚度在单元间的变化方式和随深度的变化规律，复杂的地质结构影响地震波的传播，较软的材料增大震动的幅值，地震波在不同地质构造单元的界面上发生反射和折射。

四、海沃德地震情景主震地震动

美国地质调查局 ShakeMap 网站（USGS，2014）提供了模拟地震动的 PGA、PGV、SA 和 MMI 震动图。Aagaard 等（2010a）的模拟区域并未完全覆盖旧金山湾区地震计划中的16个县（California Governor's Office of Emergency Services，2016），因此采用了 Wald 等（2005）的地震动预测方程（GMPEs）将震动图向北扩展20km，向南扩展80km，向西扩展65km，向东扩展45km（详见附录 C-1）。

研究区域仪器烈度（MMI 估计值）如图 C-2 所示。表 C-1 简要描述了各种烈度下的地震动影响。旧金山湾区超过40%的区域地震烈度超过Ⅶ度，这意味着一般建筑物轻微或中等破坏，设计或施工粗劣的建筑物严重破坏，破裂断层附近的地震动最强，随距离增大而减弱，地震动的其他特征包括：①由于破裂方向性，沿海沃德断层走向在震中奥克兰的西北部和东南部的地震动更强烈；②散布于旧金山湾区的几个沉积盆地放大了地震动（比如利弗莫尔盆地、圣何塞东部的常绿盆地以及位于圣巴勃罗湾下面的沉积盆地）；③断层沿线场地的地震动变异性与此地震情景的滑动空间分布一致，（例如，震中北部的地震烈度高与深部的一个大滑动斑块有关，邻近震中东南部的一个区域的地震烈度较低，其深部滑动低于平均滑动）。在过去的10万年，海沃德断层东部区域的变形比西部区域更大，东部地壳介质刚度更小，因此东部比西部具有更大的放大效应，尽管东部沉积层更薄（Aagaard 等，2010a）。

我们也预计旧金山湾边缘的极薄极软的海湾淤泥和人工填土对地震动的局部放大，模拟区域的离散精度不足以获取这些比网格尺寸还小的小尺度特征，在后处理模拟地震动时，通过场地放大系数（Graves 和 Pitarka，2010）近似地获取这些小尺度场地特征，多数地震动预测方程也采用了类似的方法。此外，为了获取区域尺度的地震动变异性，给出了1/60弧度网格（间距约为2km）的模拟地震动，因此不能很好地解决小于2km尺度的场地特征。因此，模拟体现了大于2km尺度的场地放大特征，但较小尺度的场地放大的精度较差。

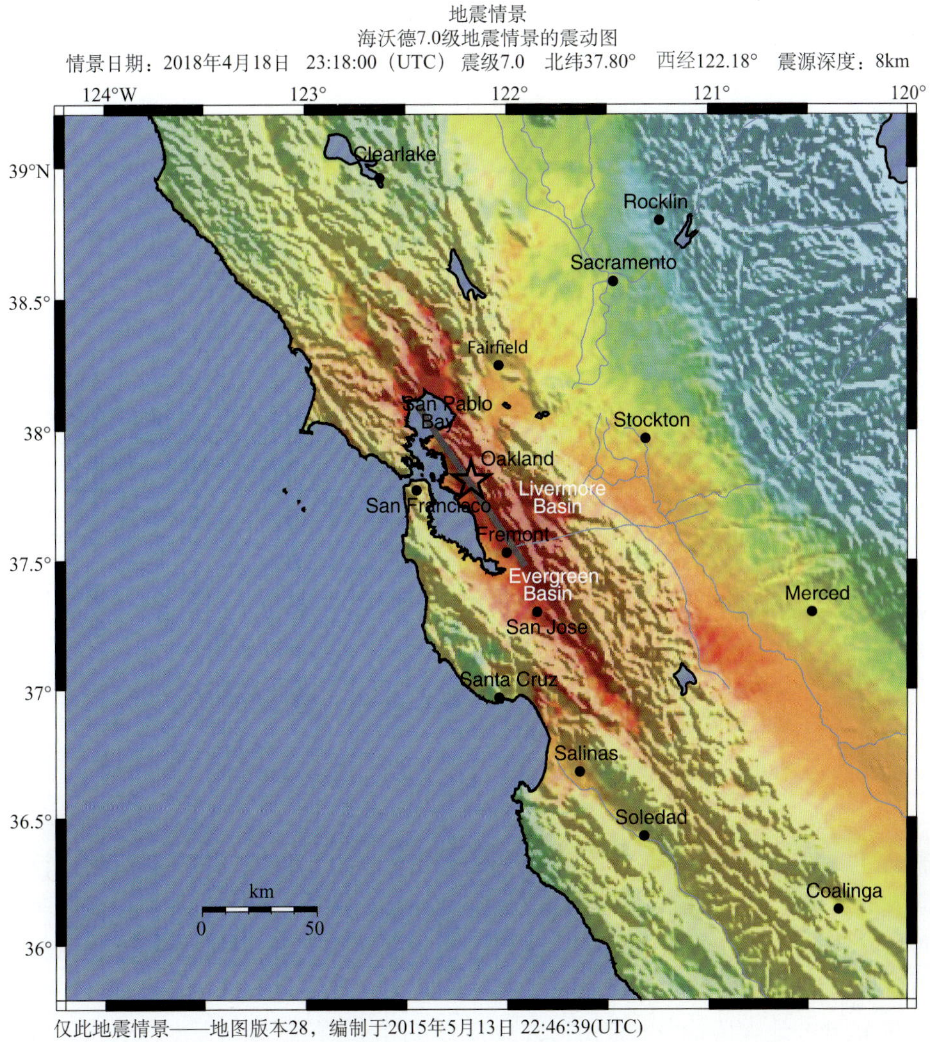

C 海沃德地震情景主震地震动

地震情景
海沃德7.0级地震情景的震动图
情景日期：2018年4月18日 23:18:00（UTC） 震级7.0 北纬37.80° 西经122.18° 震源深度：8km

仅此地震情景——地图版本28，编制于2015年5月13日 22:46:39(UTC)

震感	无感	微弱	轻微	中等	强	极强	强烈	猛烈	极猛烈
破坏情况	无	无	无	极轻微	轻微	中等	中等或严重	严重	极严重
峰值地面加速度/(%g)	<0.05	0.3	2.8	6.2	12	22	40	75	>139
峰值地面速度/(cm/s)	<0.02	0.1	1.4	4.7	9.6	20	41	86	>178
仪器烈度	I	II～III	IV	V	VI	VII	VIII	IX	X+

注：Worden等(2012)烈度表

图 C-2 海沃德地震情景7级主震中加州旧金山湾区的仪器烈度震动图（估计的 MMI）
地震从奥克兰市下方的震源开始沿海沃德断裂向两侧破裂，利弗莫尔和常绿沉积盆地放大了地震动
图片修改自 USGS（2014），去掉了原图中的道路，地震烈度的说明见表 C-1

Clearlake：克利尔莱克；Coalinga：科林加；Evergreen Basin：常绿盆地；Fairfield：费尔菲尔德；
Fremont：弗里蒙特；Livemore Basin：利弗莫尔盆地；Merced：默塞德；Oakland：奥克兰；
Rocklin：罗克林；Sacramento：萨克拉门托；Salinas：萨利纳斯；San Francisco：旧金山；San Jose：圣何塞；
San Pablo Bay：圣巴勃罗湾；Santa Cruz：圣克鲁斯；Soledad：索莱达；Stockton：斯托克顿

表 C-1 地震烈度的影响（转载自 USGS（2015））

烈度	地震动	描述或破坏
Ⅰ	无感	无感，特别有利的条件下极少数人有感
Ⅱ	微弱	仅少数静止中的人有感，尤其是楼上的人
Ⅲ	微弱	室内的人有明显感觉，尤其是楼上的人；多数人并不认为是地震；汽车可能会轻微摇晃；类似于卡车经过的振动
Ⅳ	轻微	白天室内多数人有感，室外少数人有感；晚上有些人睡梦中惊醒；器皿、门、窗作响；墙壁发出噼啪声；感觉像重型卡车撞击建筑物；汽车明显摇晃
Ⅴ	中等	几乎所有人有感；多数人睡梦中惊醒；有些器皿、窗破坏；放置不稳定器物翻倒；摆钟停摆
Ⅵ	强	所有人有感；多数人惊慌；有些重家具移位；少数抹灰掉落；轻微破坏
Ⅶ	极强	设计施工优良的建筑物几无破坏；建造好的一般建筑物轻微或中等破坏；施工或设计粗劣的建筑物严重破坏；有些烟囱破坏
Ⅷ	剧烈	特殊设计结构轻微破坏；大量一般建筑物严重破坏，部分倒塌；粗劣建筑物毁坏；烟囱、工厂堆栈、柱子、纪念碑、墙壁倒塌；重家具翻倒
Ⅸ	猛烈	特殊设计结构严重破坏；设计优良的框架结构倾斜；一般建筑物毁坏，部分倒塌；建筑物脱离地基
Ⅹ	极猛烈	有些设计优良的木结构毁坏；大多数砌体和框架结构毁坏；钢轨弯曲

地震情景震源破裂的一些细节（比如震源和滑动分布）可能与下一次海沃德大地震不同。为研究地震动相关的不确定性，Aagaard 等（2010a）在他们建立的 39 个地震情景中考虑了各种地震情景参数的变化，例如起始破裂点、滑动分布、破裂长度和震级。破裂长度越小则地震震级越小，产生的地震动幅值越小，例如，与海沃德地震情景主震中超过 40% 区域相比，在 $M_W 6.8$ 地震情景中旧金山湾区只有 10% 的区域的地震动强度达到 MMI Ⅶ 度。当震源从破裂中部移动至两端时，地震动空间分布的方向性和非对称性增强，从震源向外传播的方向上地震动更大，靠近震源的地震动较小（图 C-3），滑动分布也显著影响破裂沿线的地震动强度。另一方面，有些地震动空间分布的特征总是在各种地震情景中出现，尤其是如前文所述的，研究区域内的几个沉积盆地的地震动强烈且持续时间更长。更多关于海沃德大地震地震动变异性的论述详见 Aagaard 等（2010b）。

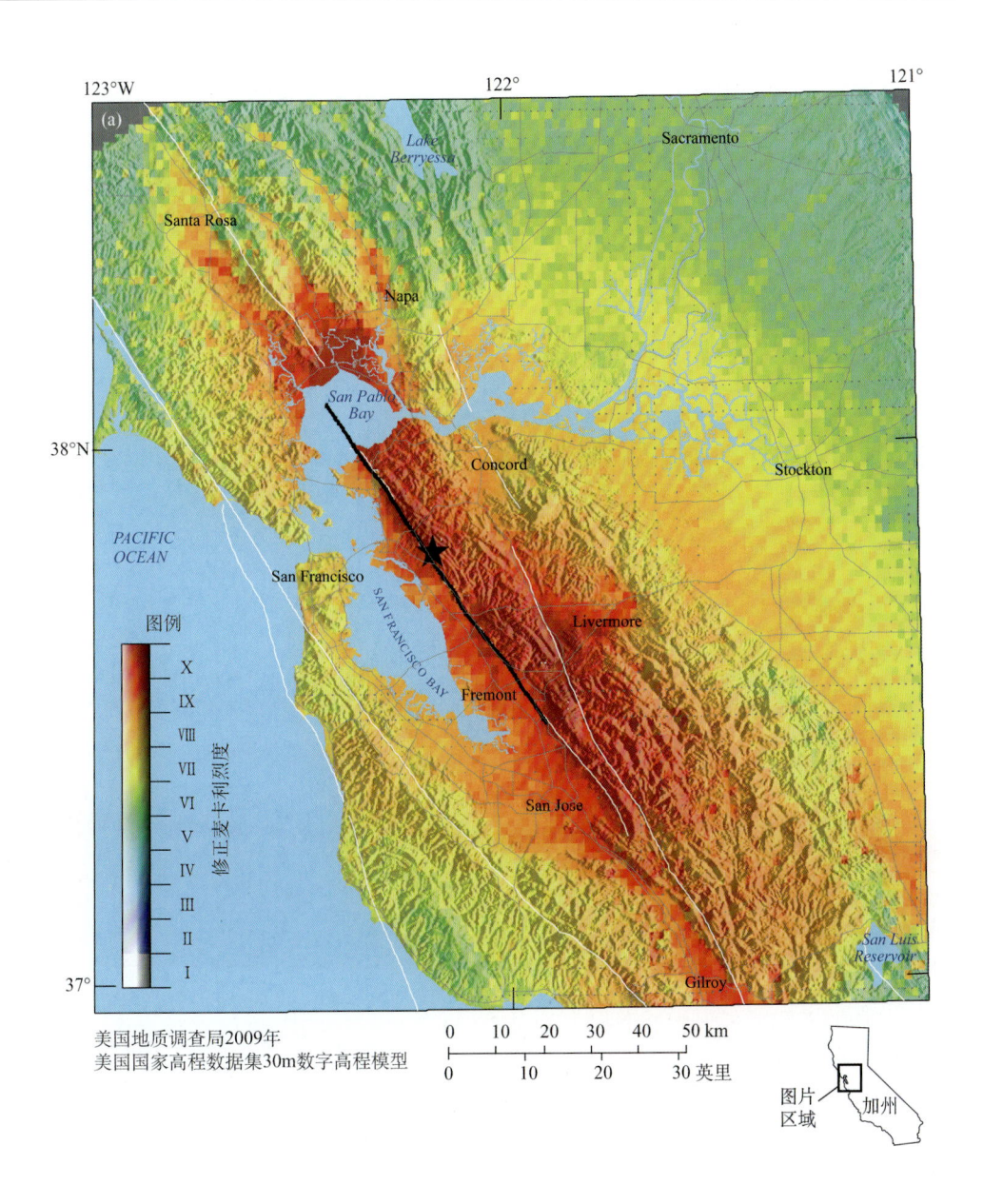

C 海沃德地震情景主震地震动

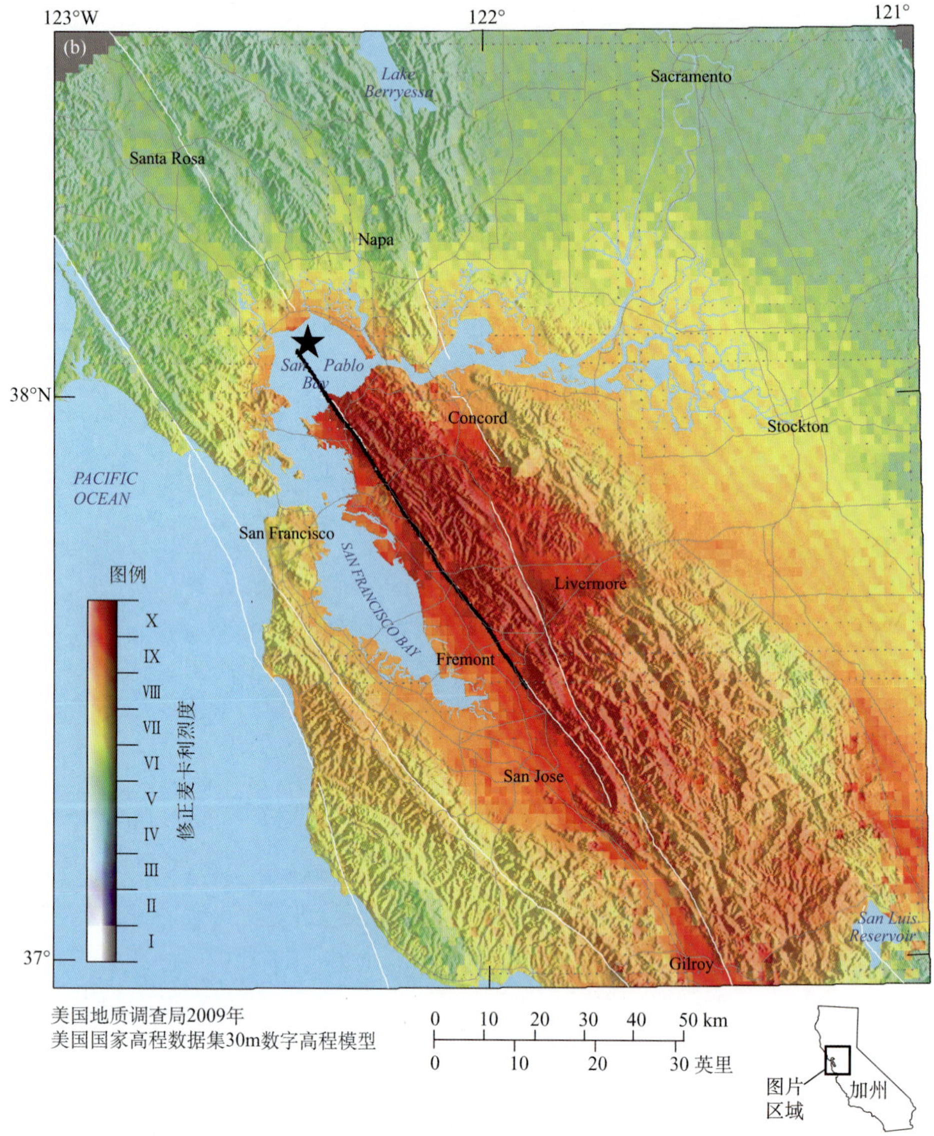
123°W
122°
121°
(b)
Lake Berryessa
Sacramento
Santa Rosa
Napa
San Pablo Bay
38°N
Concord
Stockton
PACIFIC OCEAN
San Francisco
SAN FRANCISCO BAY
图例
Livermore
Fremont
San Jose
X
IX
VIII
VII
VI
V
IV
III
II
I
修正麦卡利烈度
San Luis Reservoir
Gilroy
37°
美国地质调查局2009年
美国国家高程数据集30m数字高程模型
0 10 20 30 40 50 km
0 10 20 30 英里
图片区域
加州

C 海沃德地震情景主震地震动

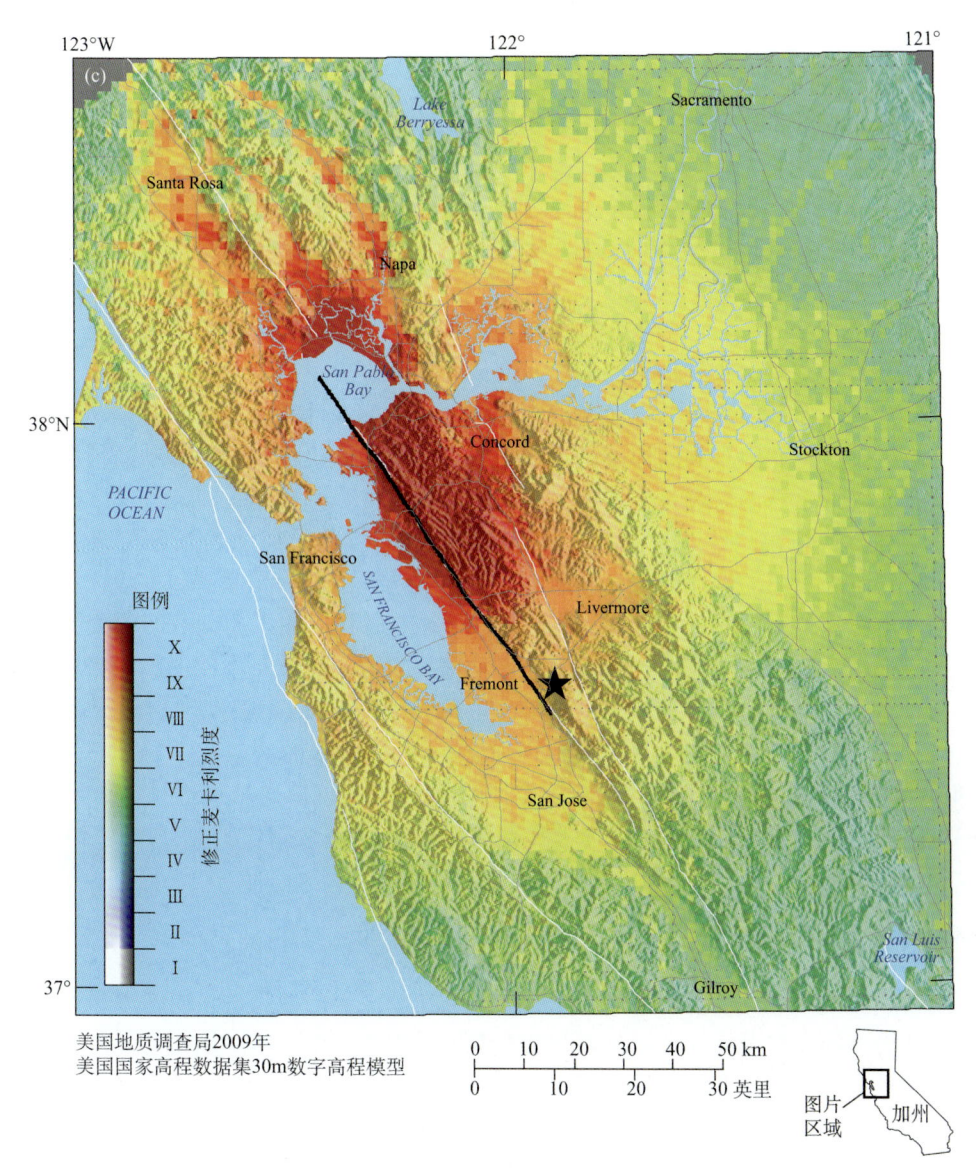

图 C-3 海沃德地震情景（a）及另两个震中（黑色五角星）不同的地震情景（Aagaard 等，2010b）的 7 级主震中加州旧金山湾区的仪器烈度震动图（估计的 MMI，见表 C-1）。地震情景（b）震中位于圣巴勃罗湾，沿断层向东南侧释放更多能量；震中位于弗里蒙特的地震情景（c）沿断层向西北侧释放更多能量

由于渲染中的微小差异，图 C-3 中的颜色与图 C-2 并不完全一致，黑色实线表示破裂的海沃德断层

Clearlake：克利尔莱克；Coalinga：科林加；Evergreen Basin：常绿盆地；Fairfield：费尔菲尔德；Fremont：弗里蒙特；Gilroy：吉尔罗伊；Lake Berryessa：贝利萨湖；Livemore Basin：利弗莫尔盆地；Merced：默塞德；Napa：纳帕；Oakland：奥克兰；PACIFIC OCEAN：太平洋；Rocklin：罗克林；Sacramento：萨克拉门托；Salinas：萨利纳斯；San Francisco：旧金山；SAN FRANCISCO BAY：旧金山湾；San Jose：圣何塞；San Luis Reservoir：圣路易斯水库；San Pablo Bay：圣巴勃罗湾；Santa Cruz：圣克鲁斯；Santa Rosa：圣罗莎；Soledad：索莱达；Stockton：斯托克顿

五、认知不足与模型局限性

为了更全面地了解海沃德断层上未来发生的大地震的影响，尚需解决的认知不足和模型局限性如下：

（1）我们需要对海沃德断层进行更多的科学研究，才能更好地了解如何利用震间蠕变（几乎连续或间歇的缓慢滑动）观测数据来提高对海沃德断层上未来发生的大地震及其引起的地震动的预测能力。

（2）海沃德地震情景主震的地震动模拟采用地下30m等效剪切波速（V_{S30}）分布图（Wills等，2000）来粗略地表示土壤特性，例如，图中极软土的V_{S30}为180m/s，地震动模拟方法并不能准确地体现极软土的非线性地震反应，这种非线性效应取决于地震动幅值和频率在内的多个因素，因此很难判断模拟是否低估或高估了极软土场地的地震动的幅值，这些区域的地震危险性评估需要探查具体场地的局部地质构造的详细信息。

（3）三维计算机模拟计算得到的海沃德地震情景主震的地震动实际分布与仅基于地震动预测方程预测中位值的地震动分布截然不同。地震动预测方程是基于历史地震动观测数据的地震动预测中位值，因此地震动预测方程反映了破裂传播、滑动空间分布的变异性、局部地质构造对地震动的平均效应，这种基于地震动预测中位值的分布不能展示真实地震和复杂地震情景（如海沃德地震情景主震）引起的空间变异性，而这正是准确预测震害所必不可少的（见第H章）。

（4）无法根据一个地震情景（如海沃德地震情景）进行概率地震设计。未来，在概率框架内可以完成更多特定地震情景的研究，从而为抗震设计提供区域地震动模型，例如Graves等（2010）。

六、结论

利用复杂的三维计算机模拟给出了海沃德地震情景主震的地震动，模拟考虑了海沃德层复杂几何结构上的真实滑动分布以及地震波在断层周围的三维地质结构中的传播。旧金山湾区的地震动具有明显的变异性，揭示了断层破裂传播和三维地质结构（尤其是沉积盆地）对模拟地震动的复杂影响。类似海沃德地震情景主震这样的地震动精细模拟为评估和减轻建筑物、桥梁、管线和其他基础设施的地震风险提供了基础信息，从而发挥了重要作用，还可在土地利用和整治决策中为评估地面破坏（液化、滑坡和侧向扩张）提供关键输入。

七、致谢

感谢美国地质调查局国家地震信息中心在地震情景震动图档案室中提供了海沃德地震情景主震的震动图，感谢Sarah Minson和Peggy Hellweg对原稿提出的诸多建设性意见。

参 考 文 献

Aagaard B T, Graves R W, Schwartz D P, Ponce D A and Graymer R W, 2010a, Ground-motion modeling of Hayward Fault scenario earthquakes, part Ⅰ—Construction of the suite of scenarios: Bulletin of the Seismological Society of America, v. 100, no. 6, p. 2927-2944.

Aagaard B T, Graves R W, Rodgers A, Brocher T M, Simpson R W, Dreger D, Petersson N A, Larsen S C, Ma S and Jachens R C, 2010b, Ground-motion modeling of Hayward Fault scenario earthquakes, part Ⅱ—Simulation of long-period and broadband ground motions: Bulletin of the Seismological Society of America, v. 100, no. 6, p. 2945-2977.

Boore D M and Atkinson G M, 2008, Ground-motion prediction equations for the average horizontal component of PGA, PGV, and 5%-damped PSA at spectral periods between 0.01s and 10.0s: Earthquake Spectra, v. 24, no. 1, p. 99-138.

California Governor's Office of Emergency Services, 2016, Bay Area earthquake plan—July 2016: California Governor's Office of Emergency Services, accessed August 25, 2016, at http://www.caloes.ca.gov/for-individuals-families/ catastrophic-planning.

Funning G J, Bürgmann R, Ferretti A and Novali F, 2007, Asperities on the Hayward fault resolved by PS-InSAR, GPS and boundary element modeling: Eos (Transactions of the American Geophysical Union), v. 88, no. 52, S23C-04.

Graves R, Jordan T H, Callaghan S, Deelman E, Field E, Juve G, Kesselman C, Maechling P, Mehta G, Milner K, Okaya D, Small P and Vahi K, 2010, CyberShake—A physics-based seismic hazard model for southern California: Pure Applied Geophysics, v. 168, no. 3-4, p. 367-381, doi: 10.1007/s00024-010-0161-6.

Graves R W and Pitarka A, 2010, Broadband ground-motion simulation using a hybrid approach: Bulletin of the Seismological Society of America, v. 100, no. 5A, p. 2095-2123, doi: 10.1785/0120100057.

U.S. Geological Survey, 2014, Earthquake planning scenario—ShakeMap for Haywired M7.05-scenario: U.S. Geological Survey web page, accessed August 25, 2016, at https://earthquake.usgs.gov/scenarios/eventpage/ushaywired$M$7.05_se#shakemap? source=us&code=gllegacyhaywiredm7p05_se.

U.S. Geological Survey, 2015, The Modified Mercalli Intensity scale: U.S. Geological Survey web page, accessed August 25, 2016, at https://earthquake.usgs.gov/learn/ topics/mercalli.php.

Wald D, Worden B, Quitoriano V and Pankow K, 2005, ShakeMap Manual: technical manual, users guide, and software guide: U.S. Geological Survey Techniques and Methods 12-A1, ver. 1.0, accessed August 25, 2016, at https://pubs.usgs.gov/ tm/2005/12A01/.

Wills C, Petersen J M, Bryant W A, Reichle M, Saucedo G J, Tan S, Taylor G and Treiman J, 2000, A site-conditions map for California based on geology and shear-wave velocity: Bulletin of the Seismological Society of America, v. 90, no. 6B, p. S187-S208, doi: 10.1785/0120000503.

Worden C B, Gerstenberger M C, Rhoades D A and Wald D J, 2012, Probabilistic relationships between ground-motion parameters and Modified Mercalli Intensity in California: Bulletin of the Seismological Society of America, v. 201, no. 1, p204-221, doi: 10.1785/012011015.

D 海沃德地震情景主震地表断层同震滑动和震后余滑

Brad T. Aagaard　David P. Schwartz　Anne M. Wein
Jamie L. Jones　Kenneth W. Hudnut

一、摘要

海沃德地震情景是假设于2018年4月18日16时18分在加州旧金山湾区东湾的海沃德断层上发生的矩震级（M_W）7.0地震。地震动造成破坏的同时地表断层滑动也能造成破坏。海沃德地震情景主震包括地震破裂时海沃德断层的滑动以及持续更长时间的断层滑动，即震后余滑。地震破裂时突然发生的断层滑动或者震后持续更长时间的断层滑动会破坏跨断层设施和系统，例如建筑物、管线、输电线路、道路、桥梁和隧道。海沃德地震情景主震断层破裂大部分穿过高度发达的地区，因此我们特别考虑了海沃德断层地震动力学破裂过程中断层滑动的大小、范围和严重程度以及断层震后余滑的大小和持续时间。

二、引言

地壳浅源大地震的断层破裂时断层两侧相对滑动，这样的破裂滑动通常在地震期间传播至地表。其中，地表滑动是对地面滑动（断层两侧原相邻点的相对位移）的测量。断层滑动可能在地震期间突然发生（同震滑动），也可能继续在震后的几天、几周、几个月甚至几年时间内逐渐发生（震后余滑），也可能在地震间非常缓慢的发生（断层震间蠕变），震后余滑是一种更快速的断层蠕变。尽管大多数情况下震后余滑和震间蠕变可以忽略不计，但跨越活断层地表迹线的工程结构会关注这三类断层滑动（同震滑动、震后余滑和震间蠕变）。

海沃德地震情景研究了2018年4月18日16时18分在加州旧金山湾区东湾的海沃德断层上发生的矩震级（M_W）7.0设定地震。海沃德断层与其他许多断层不同，其部分长期地表滑动是由断层震间蠕变提供的。地表蠕变使断层沿线的很多人文特征，例如道路、路肩、公共设施管线、建筑物发生变形或移位（McFarland等，2009），这与缺少地表震间蠕变的闭锁断层截然不同，在大多数闭锁断层上长期地质地表滑动几乎完全是同震滑动。由于观察到的海沃德断层蠕变以及1868年6.8级地震（Lawson，1908；Lienkaemper等，1991）和2007年M4.2奥克兰地震（Lienkaemper等，2012）后在海沃兹镇（现为海沃德）观察到的海沃德断层上更快速的地表蠕变，我们预计海沃德断层上发生下一次大地震后也将会出现震后余滑，在发生地表震间蠕变的断层上，震后余滑一般不超过断层总滑动的一半，在1976年7.5级危地马拉地震（Bucknam等，1978）、1987年6.6级加州迷信山地震（Sharp等，1989）、2004年6.0级加州帕克菲尔德地震（Lienkaemper等，2006）、2009年6.3级意大利拉奎拉地震（Wilkinson等，2010）、2014年6.0级加州南纳帕地震（Lienkaemper等，2016；

Hudnut 等，2014）观测到此类震后余滑。

像余震一样，震后余滑持续更长时间的现象与强震动后地壳松弛以及主震中能量快速释放有关，震后余滑和同震滑动的关系与余震和主震的关系大致相同。我们预测在海沃德大地震中跨断层的市政交通基础设施、商业建筑、住宅将遭受同震滑动的破坏，并将继续受到震后余滑的严重影响，尤其是在震后余滑填补了同震滑动不足的地区（Aagaard 等，2012）。震后余滑妨碍了大地震后数小时至数天内以及长期重建期间必要的修复工作，例如，2014年南纳帕地震后震后余滑在主震后长达 1 年的时间里持续扭曲道路、基础和路肩（Hudnut 等，2014；Lienkaemper 等，2016），纳帕市报告了一个震后数周内持续破坏的复杂案例，震后余滑破坏并一直危及供水管道（Buehrer，2015）。加州交通运输局（简称 Caltran）初步修补了跨越断层南段地表同震破裂的 12 号高速公路路面，不到 5 天就需要进行再次修补（Lienkaemper，written commun，2016）。南纳帕地震的震后余滑也发生在住宅附近；断裂直接穿过了纳帕市布朗河谷地段约 100 栋住宅的基础，房主面临着更换板式基础和在未来可能不得不再次更换的双重困境。我们预测海沃德断层出现类似的情况，即大地震引起持续时间更长的震后余滑并对跨断层基础设施的修复和恢复造成更长期的影响，超过南纳帕地震后快速滑动造成的持续 1 年的影响（Lienkaemper 等，2016）。

三、主震破裂和同震滑动

海沃德地震情景主震破裂滑动分布说明了海沃德断层上观测到断层震间蠕变的不同位置，断层上的蠕变区及其空间分布可能影响震间蠕变、同震滑动和震后余滑在长期地质滑动中所占的比例，因此估计海沃德层的滑动包括了解蠕变区如何影响同震滑动的分布以及某一场地发生多么大的震后余滑。Aagaard 等（2010）建立了一个简单模型，用来估计震间蠕变区（Funning 等，2007）减少的同震滑动，由于这些区域的震间蠕变速率小于海沃德断层长期地质滑动速率，因此海沃德地震情景主震，即 Aagaard 等（2010）建立的 HS+HN G04 HypoO 地震情景，在这些震间蠕变区有发生同震滑动。

海沃德地震情景主震断层破裂长 83km，从北部的圣巴勃罗湾向南延伸至弗里蒙特市（图 D-1），圣巴勃罗地区的同震滑动超过 2m，同震滑动在里士满和伯克利减小，部分破裂段小于 0.25m，伯克利到奥克兰的地表同震滑动增大到超过 1m，并从震中以南到海沃德继续增大，海沃德的同震滑动减小到不足 0.5m，南段 22km 长的断层破裂并未出现地表同震滑动，陆上断层破裂长约 63km。不同于南部圣安德列斯断层上 ShakeOut 地震情景破裂主要位于农村地区（Jones 等，2008），海沃德地震情景主震破裂位于人口密集地区，参考 2011 年美国土地覆被数据（Homer 等，2015），受海沃德断层破裂影响的土地覆被中已开发的约占 43%（表 D-1），接近一半的地表破裂穿过住宅区或商业区，水域占比（表 D-1）表明地表断层破裂延伸到了圣巴勃罗湾。

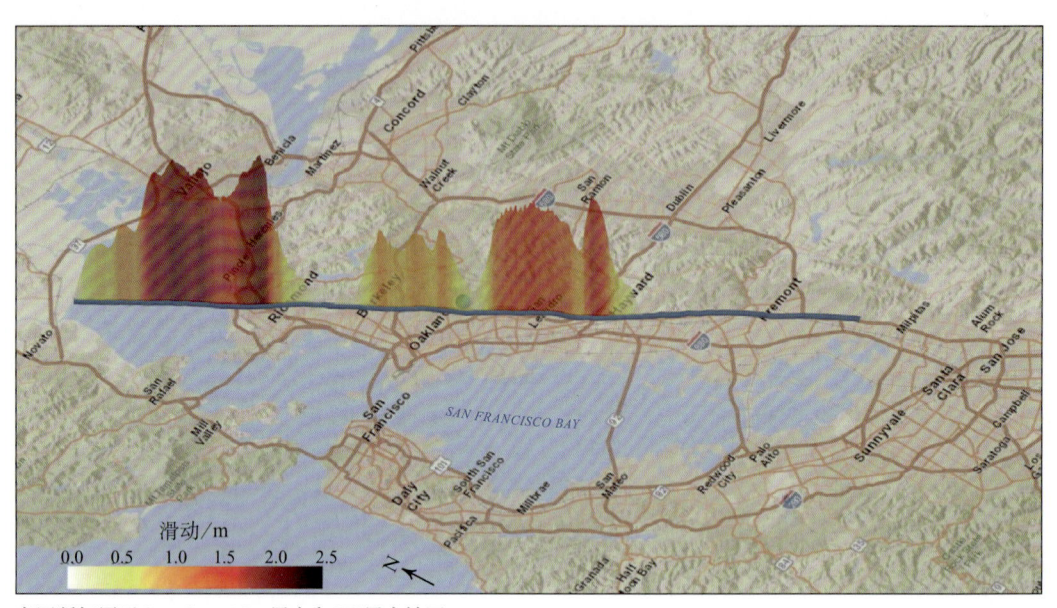

图 D-1　加州旧金山湾区地图，图中展示了海沃德地震情景 7 级主震中沿断层破裂的地表同震滑动三维透视图

色彩和高度表示滑动量，蓝色粗实线表示断层破裂长度（包括地下滑动部分），位于奥克兰的绿色球体表示地震情景主震的震中

Benicia：贝尼西亚；Clayton：克莱顿；Concord：康科德；Daly City：戴利城；Dublin：都柏林；Martinez：马丁内斯；Mill Valley：米尔谷；Millbrae：密尔布瑞；Novato：诺瓦托；Pacifica：帕西菲卡；San Francisco：旧金山；SAN FRANCISCO BAY：旧金山湾；San Mateo：圣马特奥市；San Rafael：圣拉斐尔；San Ramon：圣拉蒙；South San Francisco：旧金山南部；Vallejo：瓦列霍；Walnut Creek：核桃溪

表 D-1　海沃德地震情景 7 级主震中受海沃德断层同震滑动影响的加州旧金山湾区土地覆被

土地覆被类型	观测到同震滑动的主震断层破裂沿线的土地覆被比例
水域	25
已开发的空地	24
低度开发①	19
中度开发②	22
高度开发③	2
森林、灌木、草地、湿地	8

注：①低度开发为地面硬化（硬化率 20%~49%）和植被覆盖的独栋住宅区。
②中度开发通常为地面硬化率 50%~79%的独栋住宅区。
③高度开发为地面硬化率 80%~100%的多户住宅区和商业区。

海沃德地震情景主震的滑动分布是发生于海沃德断层上的大地震破裂的一种可能情况，下一次海沃德大地震的滑动空间分布可能截然不同并且可能因地震而异，例如，可能发生这样一次地震，海沃德断层南段的滑动大于北段，这样的滑动与古地震在弗里蒙特地区断层上的同震滑动一致（Lienkaemper 等，1999；Lienkaemper 等，2002；Lienkaemper 等，2010）。地表同震滑动的初始分布对确定可能发生于断层上任意位置的震后余滑的大小具有重要作用。

四、分布形变

在估计地表同震滑动大小的同时，还需要估计地表同震滑动沿主断层迹线（或在其周围的狭窄区域）的集中程度，或估计在破裂断层沿线各点几十米到几百米（甚至几千米）宽的小区域内不均匀分布的地表同震滑动，分布形变可以是在主断层迹线几米到几十米范围内的扭曲变形，或者是分散裂缝，分散裂缝通常位于主断层迹线几百米范围内且滑动量较小。可能会发生的形变大小的控制因素包括：断层几何结构的变化、破裂传播经过的沉积物的厚度以及断层粗糙度（成熟度）。

长期以来，人们已经认识到分布形变，Lawson（1908）指出 1906 年旧金山地震中 115m 宽的区域内分布的多条断层迹线造成了栅栏线穿过圣安德列斯断层破裂沿线的地方发生移位，Petersen 等（2011）汇总了 8 个精心绘制的地表走滑破裂的分布断裂，包括：1968 年加州博雷戈山地震、1979 年加州帝王谷地震、1987 年加州迷信山地震、1992 年加州兰德斯地震、1995 年日本阪神地震、1999 年加州赫克托矿地震、1999 年土耳其伊兹米特地震以及 1999 年土耳其杜泽地震，结果表明这些地震的分布断裂主要出现在主断层迹线几百米到 2000m 范围，且出现断层分布位移的可能性随着距主断层迹线距离的增大而降低。

2013 年巴基斯坦俾路支 7.7 级地震中 200km 长的地表破裂是分布形变沿走向变化的最新实例。Gold 等（2015）利用地震破裂前后的卫星光学图像测量了贴近断层（断层迹线 10m 内）、靠近断层（距离断层迹线小于 350m）和远离断层（距离断层迹线大于 350m）的形变，结果表明尽管近 100% 的总滑动发生在主断层迹线几百米范围内，但平均 28% 的地表滑动发生在断层外且沿走向具有显著的变化性。

上述这些实例均是闭锁断层上的大地震，目前还没有在类似海沃德断层这样的蠕变断层上发生的大地震的例子可以比较。海沃德地震情景主震中，预计地表破裂主要发生于断层正在发生地表蠕变的地方，即大部分断层沿线平均宽度约为 2~15m 的区域，但并不排除同震分布位移出现在之前识别出的无蠕变的平行、近平行或分支断层迹线上（Radbruch，1969；Lienkaemper，1992）或未发现的闭锁断层迹线上，2004 年 6.0 级帕克菲尔德地震就是一个这样的例子，其同震滑动在"西南破裂区"而震后余滑在主断层迹线上（Rymer 等，2006）。尽管并未量化海沃德断层发生分布形变的可能性，这也不是海沃德地震情景的一部分，但是在规划建设必须跨断层的长距离结构（管线、隧道）时，需要考虑断层区可能的宽度，表 D-2 汇总了受海沃德断层同震滑动影响的生命线工程（Jamie L. Jones，U. S. Geological Survey，书面交流，2016）。

表 D-2 海沃德地震情景 7 级主震同震滑动影响的加州旧金山湾区生命线

生命线	跨断层破裂的次数	出现地表滑动的数量	形变范围（m）
高速公路	37	27	0.3~2.0
二级公路	127	80	0.0~2.1
街道	424	270	0.0~2.1
铁路	8	4	0.9~1.6
供水系统	13	3	0.0~0.9
石油/天然气管道	25	15	0.7~2.1
输电线路	37	8	0.1~1.7
光纤电信	241	132	0.0~2.0

注：Jamie L. Jones，U. S. Geological Survey，书面交流，2016。

五、震后余滑

引言中已经提到，同震滑动只是这个大地震情景滑动的一部分，预计在海沃德断层的蠕变区出现震后余滑，并扩展至整个破裂。

假设地震破裂长度在 35~90km 范围，Aagaard 等（2012）利用蒙特卡洛方法给出了海沃德断层沿线四个场地的同震滑动和震后余滑的概率估计。下面利用约 7.1 级地震中 90km 长的断层破裂沿线的一个场地（加州伯克利下方的深部大蠕变区的南部边缘附近的台阵场地 HTEM）的研究结果来说明震后余滑随时间的变化及其不确定性，采用与建立海沃德地震情景主震破裂几乎完全相同的技术，建立了 500000 次蒙特卡洛模拟。

震后余滑历史数据的实证研究已经确定了震后余滑在时间上以对数级数累积（Smith 和 Wyss，1968；Boatwright 等，1989；Savage 和 Langbein，2008），地震一发生，震后余滑迅速出现并随时间推移而减慢（或衰减）。通过改进 Boatwright 等（1989）建立的震后余滑的幂律表达式，Aagaard 等（2012）明确将同震滑动和震后余滑纳入总滑动估计中以匹配 1s 的同震滑动并终止于总滑动（同震滑动+震后余滑），总滑动的时间演变可表示为：

$$D(t) = A + B \frac{1}{(1 + T/t)^C}$$

$$A = \frac{1}{1-a}(D_{\text{total}} - aD_{\text{coseismic}})$$

$$B = \frac{-a}{1-a}(D_{\text{total}} - D_{\text{coseismic}})$$

$$a = \left(1 + \frac{T}{1\text{s}}\right)^C$$

其中累积地表滑动 D 从同震滑动 $D_{\text{coseismic}}$ 开始以递减速率增大，并逐渐达到总滑动 D_{total}，t 为时间。时间常数 T 往往难以确定，但多数情况下约为一年或更长时间。幂律指数 C 往往随地震震级变化，为确保同震滑动随地震震级（$6.0 \leq M_W \leq 7.5$）增大以及震后余滑理论表达和经验结果一致，$C = 0.881 - 0.111 M_W$。

图 D-2 展示了震后余滑在三种时间尺度上（24小时、4周和12个月）的时间演变，其初始值为同震滑动，橙色粗实线表示中位轨迹，橙色粗虚线表示中位值加一倍标准差的轨迹，标准差来自蒙特卡洛分析。幂律时间演变具有随时间衰减的快速开始，例如，10%的震后余滑发生在第一分钟，25%在第一小时，35%在前6小时，40%在前24小时，70%在前30天，85%在前6个月。中位轨迹从0.1m的同震滑动增长至1.1m的总滑动，中位值加一倍标准差轨迹从1.1m的同震滑动增长至2.4m的总滑动，中位值轨迹的地表同震滑动非常小，因此断层滑动造成的大部分破坏不会立即发生，而是在震后的数小时、数天和数周内由震后余滑引发，中位值加一倍标准差轨迹的同震滑动和震后余滑接近，因此地震破坏可能发生在地震时，也可能发生在震后的数小时、数天和数周内。

图 D-2 还说明了与模型参数不确定性和同震滑动的预计空间变化相关的各种表现，在此并未展示数学模型本身的不确定性。最底部的蓝色细虚线表示中位轨迹的一半，相当于同震滑动中位值一半的同震滑动以及总滑动中位值一半的总滑动，其他模拟中，同震滑动和总滑动可能并不是一定比例的中位值，例如，最上部的绿色细虚线表示同震滑动接近中位值加一倍标准差而总滑动仅相当于中位值加0.5倍标准差的轨迹，中间的红色细虚线表示了同震滑动略高于中位值而总滑动则远高于中位值的另一个例子，类似地，其他模拟则是高于或低于中位值的一些相似表现。

破裂沿线不同位置的震后余滑也有显著差异。例如，1987年6.6级迷信山地震中同震滑动占总滑动比例的局部变化在2%~18%（Harsh，1982），我们预计海沃德断层上相同震级地震的同震滑动也有类似的变化。地表同震滑动将影响断层的总滑动（同震滑动+震后余滑），同震滑动大的地方，就像这个地震情景破裂北段的圣巴勃罗地区（图 D-1），震后余滑可能会小，但同震滑动小的地方可能会出现大的震后余滑，同震滑动很小甚至忽略不计，就像这个地震情景中海沃德—弗里蒙特段断层（图 D-1），可能会导致在这样的地震后过于乐观的估计大地震对市政、交通和建筑设施的影响，因为震后数小时内高达0.5~1.5m（中位值加一倍标准差）的震后余滑可能会严重影响基础设施。由于同震滑动和震后余滑估计中存在大的不确定性，同震滑动和初期震后余滑的实时大地观测和震后快速反应测量对准确预测可能发生的总滑动十分关键，因此，海沃德大地震后，沿断层的同震滑动量及震后余滑速率的观测将更清楚地预测将要发生的总滑动，准确地预测更长的海沃德断层沿线的震后余滑远比 2016 年 6.0 级南纳帕地震后 Hudnut 等（2014）开展的工作要多得多。

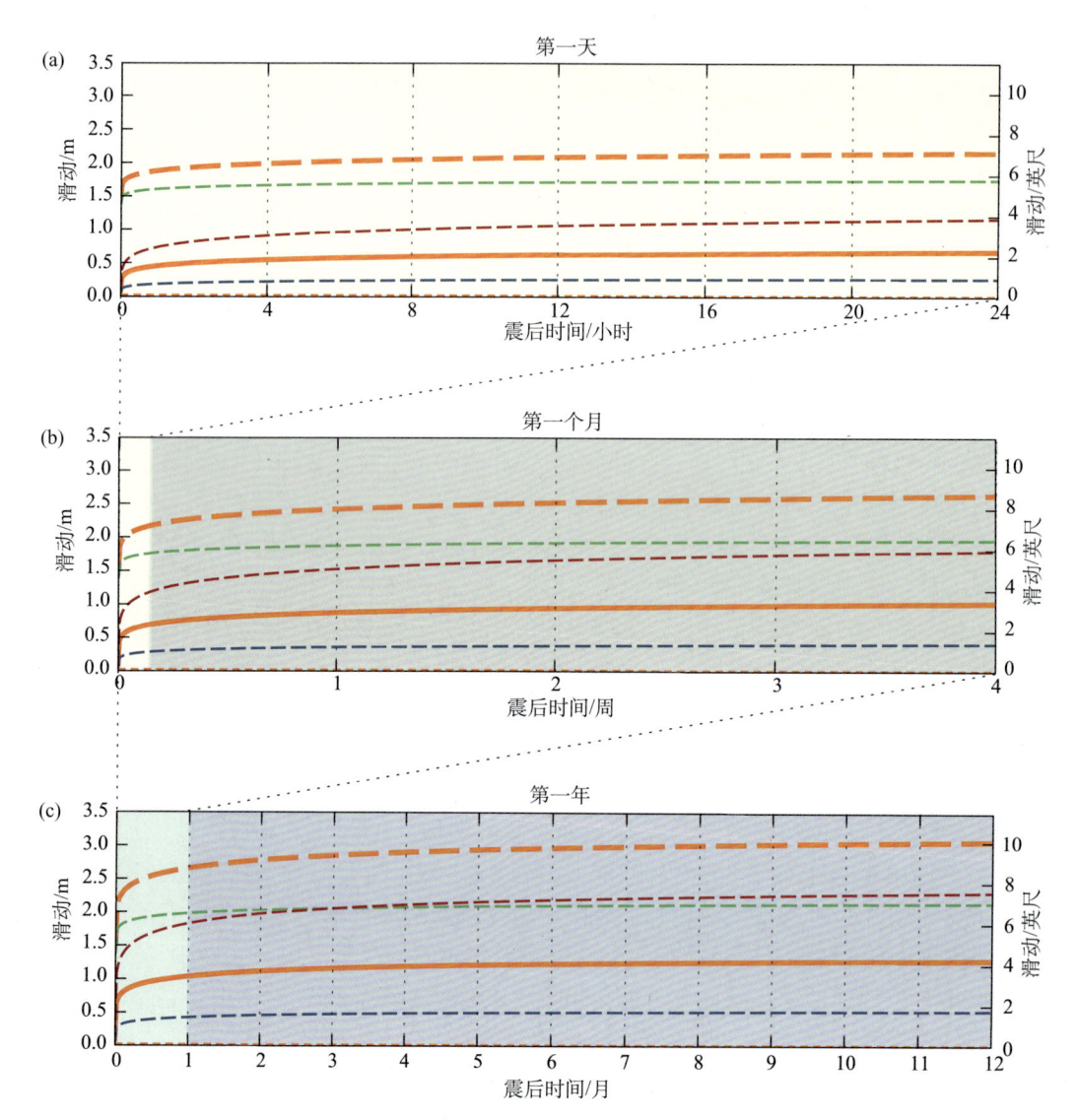

图 D-2 地震后断层震后余滑在小时（a）、周（b）、月（c）尺度上的累积图

橙色粗实线表示中位值轨迹，橙色粗虚线表示中位值加一倍标准差的轨迹，红色、蓝色和绿色细虚线表示三种模拟，说明了同震滑动和震后余滑不确定性相关的表现的变化性，黄色阴影区表示震后第一天，绿色阴影区表示从震后1天到1个月，蓝色阴影区表示震后1个月到1年

六、认知不足、模型局限性和交流需求

为了更好地防范海沃德断层上未来发生的大地震的同震滑动和震后余滑的影响，尚需解决的认知不足、模型局限性和交流问题如下：

（1）断层震间蠕变、同震滑动和震后余滑之间的物理关系的细节尚不明确。为了减少海沃德断层以及其他出现震间蠕变的断层上的大地震的同震滑动和震后余滑动的预测的不确定性，需要更多研究来更好地理解地震破裂中断层蠕变和突然滑动的物理过程。

（2）鉴于对断层震后余滑现状的了解，海沃德大地震后断层同震滑动以及震后余滑时间演变的近实时测量对精准预测震后余滑的大小和持续时间至关重要。

（3）需要开发类似余滑行为预测的操作程序来预测震后余滑。这些预测将为业主、市政基础设施运营商以及政府部门的震后修复、重建、恢复提供重要的科学指导。

（4）大震后海沃德断层上 0.5~1.5m 震后余滑将对跨断层结构和基础设施的修复造成困难，这种危险需要传达给相关的利益相关者，以便在制定地震减灾和响应预案时能够综合考虑这些困难。

（5）海沃德大地震破裂时在蠕变主断层迹线几十米到几百米范围内可能出现分布断裂。这对规划跨断层长距离结构，例如管线和交通基础设施，十分重要。

七、结论

海沃德地震情景中，当主震引起海沃德断层破裂时出现地表同震滑动，但这只是地表总滑动的一部分（Aagaard 等，2012），其余的地表滑动出现在震后（即地震动停止后），这就是称之为震后余滑的地震断层运动。震后余滑对总滑动有重要影响，可在断层沿线产生高达 0.5~1.5m 的额外滑动，在这个海沃德地震情景中，同震滑动最高达 2.1m，直接影响一些地点，在产生小的同震滑动的位置跨断层的市政交通设施和结构可能会受到海沃德大地震后显著的震后余滑的影响。

八、致谢

感谢美国地质调查局 Ben Brooks 和 Jessica Murray 对原稿提出的诸多建设性意见。

参 考 文 献

Aagaard B T, Graves R W, Schwartz D P, Ponce D A and Graymer R W, 2010, Ground-motion modeling of Hayward Fault scenario earthquakes, part Ⅰ—Construction of the suite of scenarios: Bulletin of the Seismological Society of America, v. 100, no. 6, p. 2927-2944, doi: 10.1785/0120090324.

Aagaard B T, Lienkaemper J J and Schwartz D P, 2012, Probabilistic estimates of surface coseismic slip and afterslip for Hayward Fault earthquakes: Bulletin of the Seismological Society of America, v. 102, no. 3, p. 961-979, doi: 10.1785/0120110200.

Boatwright J, Budding K E and Sharp R V, 1989, Inverting measurements of surface slip on the Superstition Hills Fault: Bulletin of the Seismological Society of America, v. 79, no. 2, p. 411-423.

Bucknam R C, Plafker G and Sharp R V, 1978, Fault movement (afterslip) following the Guatemala earthquake of February 4, 1976: Geology, v. 6, no. 3, p. 170-173.

Buehrer J, 2015, Hey Napa—Your afterslip is showing: Journal—American Water Works Association, v. 107, no. 9, p. 68-75, doi: 10.5942/jawwa.2015.107.0111.

Funning G J, Bürgmann R, Ferretti A and Novali F, 2007, Asperities on the Hayward Fault resolved by PS-InSAR, GPS and boundary element modeling: Eos (Transactions of the American Geophysical Union), v. 88, no. 52, S23C-04.

Gold R D, Reitman N G, Briggs R W, Barnhart W D, Hayes G P and Wilson E, 2015, On- and off-fault deformation associated with the September 2013 M_W7.7 Balochistan earthquake—Implications for geologic slip rate measurements: Tectonophysics, v. 660, p. 65-78, doi: 10.1016/j.tecto.2015.08.019.

Harsh P W, 1982, Distribution of afterslip along the Imperial Fault, in the Imperial Valley, California, earthquake of October 15, 1979: U.S. Geological Survey Professional Paper 1254, p. 193-204. [Also available at https://pubs.usgs.gov/pp/1254/report.pdf.]

Homer C G, Dewitz J A, Yang L, Jin S, Danielson P, Xian G, Coulston J, Herold N D, Wickham J D and Megown K, 2015, Completion of the 2011 National Land Cover Database for the conterminous United States-Representing a decade of land cover change information. Photogrammetric Engineering and Remote Sensing, v. 81, no. 5, p. 345-354, accessed April 16, 2016, at https://www.mrlc.gov/nlcd2011.php.

Hudnut K W, Brocher T M, Prentice C S, Boatwright J, Brooks B A, Aagaard B T, Blair J L, Fletcher J B, Erdem J E, Wicks C W, Murray J R, Pollitz F F, Langbein J, Svarc J, Schwartz D P, Ponti D J, Hecker S, DeLong S, Rosa C, Jones B, Lamb R, Rosinski A, McCrink T P, Dawson T E, Seitz G, Rubin R S, Glennie C, Hauser D, Ericksen T, Mardock D, Hoirup D F and Bray J D, 2014, Key recovery factors for the August 24, 2014, South Napa earthquake: U.S. Geological Survey Open-File Report 2014-1249, 51p., accessed August 31, 2016, at https://doi.org/10.3133/ofr20141249.

Jones L M, Bernknopf R, Cox D, Goltz J, Hudnut K, Mileti D, Perry S, Ponti D, Porter K, Reichle M, Seligson H, Shoaf K, Treiman J and Wein A M, 2008, The ShakeOut Scenario: U.S. Geological Survey Open-File Report 2008-1150 and California Geological Survey Preliminary Report 25, 312p., accessed August 31, 2016, at https://pubs.usgs.gov/of/2008/1150/.

Lawson A C, 1908, The earthquake of 1868, in Lawson A C, ed., The California earthquake of April 18, 1906— Report of the State Earthquake Investigation Commission (volume I): Washington D.C., Carnegie Institution, p. 434-448.

Lienkaemper J J, 1992, Map of recently active traces of the Hayward Fault, Alameda and Contra Costa counties, California: U.S. Geological Survey, Miscellaneous Field Studies Map MF-2196, scale 1:24000. [Also available at https://pubs.usgs.gov/mf/1992/2196/.]

Lienkaemper J J, Baker B and McFarland F S, 2006, Surface slip associated with the 2004 Parkfield, California, earthquake measured on alinement arrays: Bulletin of the Seismological Society of America, v. 96, no. 48, p. S239-S249, doi: 10.1785/0120050806.

Lienkaemper J J, Borchardt G and Lisowski M, 1991, Historic creep rate and potential for seismic slip along the Hayward Fault, California: Journal of Geophysical Research v. 96, no. B11, p. 18261-18283.

Lienkaemper J J, Dawson T E, Personius S F, Seitz G G, Reidy L M and Schwartz D P, 2002, A record of large earthquakes on the southern Hayward fault for the past 500 years: Bulletin of the Seismological Society of America, v. 92, no. 7, p. 2637-2658.

Lienkaemper J J, DeLong S B, Domrose C J and Rosa C M, 2016, Afterslip behavior following the 2014 M6.0 South Napa earthquake with implications for afterslip forecasting on other seismogenic faults: Seismological Research Letters, v. 87, no. 3, doi: 10.1785/0220150262.

Lienkaemper J J, McFarland F S, Simpson R W, Bilham R G, Ponce D A, Boatwright J J and Caskey S J, 2012, Long-term creep rates on the Hayward Fault: Evidence for controls on the size and frequency of large earthquakes: Bulletin of the Seismological Society of America v. 102, no. 1, p. 31-41.

Lienkaemper J J, Schwartz D P, Kelson K I, Lettis W R, Simpson G D, Southon J R, Wanket J A, Williams P L, 1999, Timing of paleo earthquakes on the northern Hayward Fault—Preliminary evidence in El Cerrito, California: U.S. Geological Survey Open-File Report 99-318, 33p. [Also available at https://

pubs. usgs. gov/of/1999/0318/.]

Lienkaemper J J, Williams P L and Guilderson T P, 2010, Evidence for a 12th large earthquake on the southern Hayward fault in the past 1900 years: Bulletin of the Seismological Society of America, v. 100, no. 5A, p. 2024-2034.

McFarland F S, Lienkaemper J J and Caskey S J, 2009, revised 2015, Data from theodolite measurements of creep rates on San Francisco Bay Region faults, California, 1979-2014: U. S. Geological Survey Open-File Report 2009-1119, v. 1, no. 6, 21p. and data files, accessed August 31, 2016, at https: //pubs. usgs. gov/of/2009/1119/.

Petersen M D, Dawson T E, Rui C, Cao T, Wills C J, Schwartz D P and Frankel A D, 2011, Fault displacement hazard for strike-slip faults: Bulletin of the Seismological Society of America, v. 101, no. 2, p. 805-825, doi: 10. 1785/0120100035.

Radbruch D H, 1969, Areal and engineering geology of the Oakland East Quadrangle, California: U. S. Geological Survey Quadrangle Map GQ - 769, scale 1: 24000. [Also available at https: //pubs. er. usgs. gov/publication/gq769.]

Rymer M J, Tinsley J C, Treiman J A, Arrowsmith J R, Clahan K B, Rosinski A M, Bryant W A, Snyder H A, Fuis G S, Toké N A and Bawden G W, 2006, Surface fault slip associated with the 2004 Parkfield, California, earthquake: Bulletin of the Seismological Society of America, v. 96, no. 4B, p. S11-S27.

Savage J C and Langbein J, 2008, Postearthquake relaxation after the 2004 M6 Parkfield, California, earthquake and rate-and-state friction: Journal of Geophysical Research: Solid Earth, v. 113, no. B10, p. 407, doi: 10. 1029/2008JB005723.

Sharp R V, Budding K E, Boatwright J, Ader M J, Bonilla M G, Clark M M, Fumal T E, Harms K K, Lienkaemper J J, Morton D M, O'Neill B J, Ostergren C L, Ponti D J, Rymer M J, Saxton J L and Sims J, 1989, Surface faulting along the Superstition Hills fault zone and nearby faults associated with the earthquakes of 24 November 1987: Bulletin of the Seismological Society of America, v. 79, no. 2, p. 252-281.

Smith S W and Wyss M, 1968, Displacement on the San Andreas fault subsequent to the 1966 Parkfield earthquake: Bulletin of the Seismological Society of America, v. 58, no. 6, p. 1955-1973.

Wilkinson M, McCaffrey K J W, Roberts G, Cowie P A, Phillips R J, Michetti A M, Vittori E, Guerrieri L, Blumetti A M, Bubeck A, Yates A and Sileo G, 2010, Partitioned postseismic deformation associated with the 2009 M_W6. 3 L'Aquila earthquake surface rupture measured using a terrestrial laser scanner, Geophysical Research Letters, v. 37, no. 10, doi: 10. 1029/2010GL043099

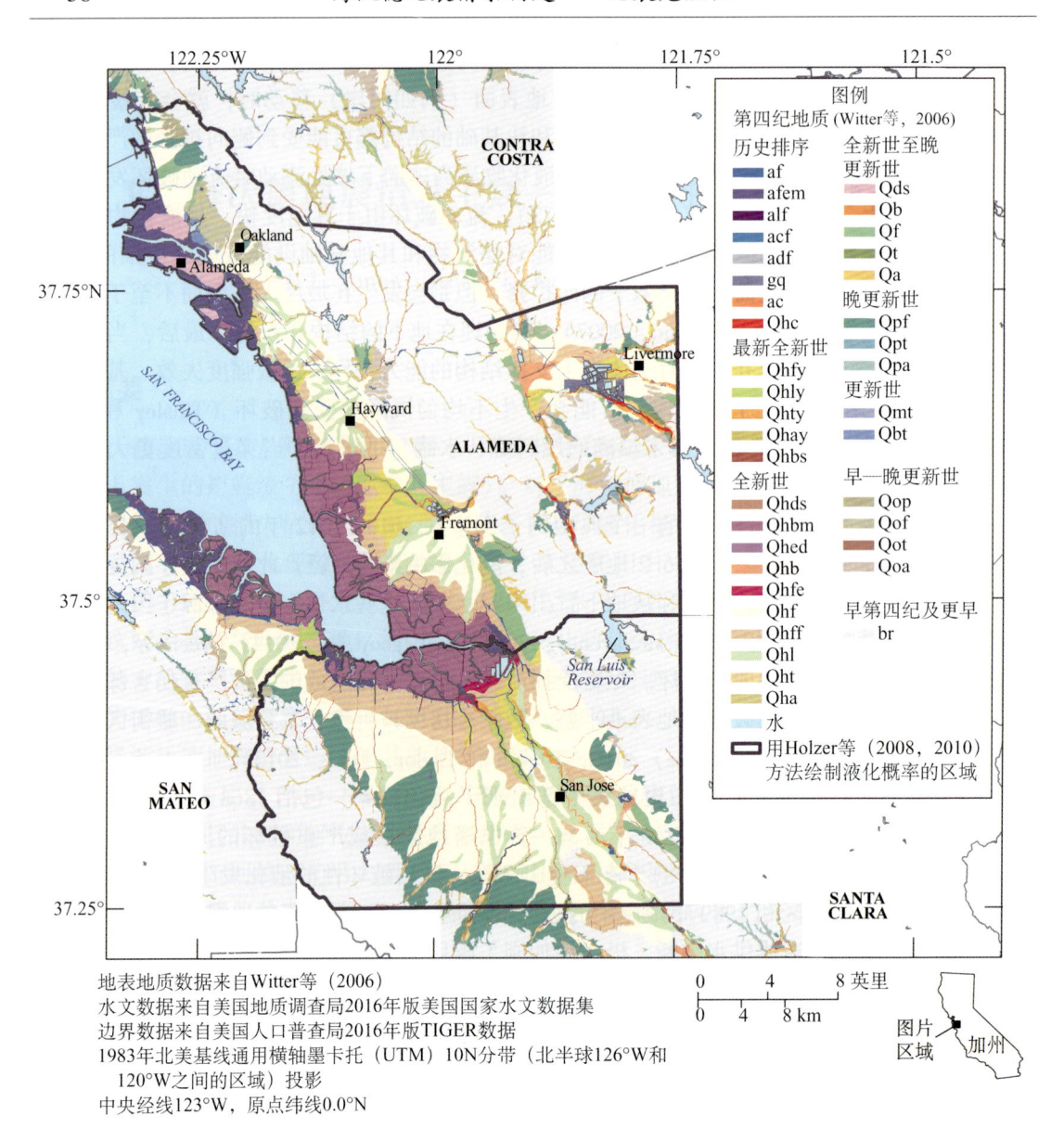

图 E-1 加州旧金山湾区东南部的第四纪地质图（Witter 等，2006），用于基于 Holzer 等（2008，2010，2011）方法的海沃德地震情景的液化概率的估计

黑线表示基于 Holzer 等（2008，2010，2011）方法进行液化概率计算的区域。其他地区的液化概率计算使用了 Hazus-MH 2.1 损失评估工具（Federal Emergency Management Agency（联邦应急管理局），2012）和现有的液化可能性分布图。地质图单元描述见表 E-1

af：人工填土；afem：河口淤泥上的人工填土；alf：河堤人工填土；acf：河道人工填土；adf：大坝人工填土；gq：砾石采石场和渗滤池；ac：人工河道；Qhc：现代河道沉积物；Qhfy：最新全新世冲积扇沉积物；Qhly：最新全新世冲积扇河堤沉积物；Qhty：最新全新世河流阶地沉积物；Qhay：最新全新世球粒冲积物（河流沉积物）；Qhbs：最新全新世海滩沙；Qhds：全新世沙丘沙；Qhbm：全新世旧金山湾泥；Qhed：全新世河口三角洲沉积物；Qhb：全新世盆地沉积物；

Qhfe：全新世冲积扇/河口细粒杂岩沉积物；Qhf：全新世冲积扇沉积物；Qhff：全新世冲积扇细粒相沉积物；
Qhl：全新世冲积扇河堤沉积物；Qht：全新世流阶地沉积物；Qha：全新世球粒沉积层；
Qds：晚更新世至全新世沙丘沙；Qb：晚更新世至全新世盆地沉积物；Qf：晚更新世至全新世冲积扇沉积物；
Qt：晚更新世至全新世流阶地沉积物；Qa：晚更新世至全新世球粒沉积层；Qpf：晚更新世冲积扇沉积物；
Qpt：晚更新世河流阶地沉积物；Qpa：晚更新世球粒沉积层；Qmt：更新世海积阶地沉积物；
Qbt：更新世海湾阶地沉积物；Qop：早更新世至晚更新世三角洲沉积物；
Qof：早更新世至中更新世冲积扇沉积物；Qot：早更新世至中更新世河流阶地沉积物；
Qoa：早更新世至中更新世球粒沉积层；br：第四纪早起及更早（>1.4Ma）沉积物和基岩

ALAMEDA（Alameda）：阿拉米达；CONTRA COSTA：康特拉科斯塔；Fremont：弗里蒙特；
Hayward：海沃德；Livermore：利弗莫尔；Oakland：奥克兰；SAN FRANCISCO BAY：旧金山湾；
San Jose：圣何塞；San Luis Reservoir：圣路易斯水库；SAN MATEO：圣马特奥；SANTA CLARA：圣克拉拉

Holzer等（2008，2010）将液化概率曲线相似的具有低的液化势的地质图单元划分为一类，即第2组，在液化概率分析中与第1组分开处理。Holzer等（2008，2010）没有计算一些地质图单元的液化势，包括全新世旧金山湾泥（Qhbm）和第四纪早期及更早（>140万年前或百万年，Ma）沉积物和基岩（br），这些未计算液化势的地质单元划分为"未评估"组。

表 E-1　加州旧金山湾区第四纪地质图单元（Witter等，2006）以及在海沃德地震情景设置的液化概率分组

[Ma，百万年前]

地质单元名称	地质图单元缩写	Holzer等（2008，2010，2011）液化分组	液化分组[①]
人工填土	af	第1组	第1组和第2组[②]
河口淤泥上的人工填土	afem	未评估	第1组
河堤人工填土	alf	未评估	第2组
河道人工填土	acf	未评估	第2组
大坝人工填土	adf	未评估	第2组
砾石采石场和渗滤池	gq	未评估	未评估
人工河道	ac	未评估	第2组
现代河道沉积物	Qhc	未评估	第1组
最新全新世冲积扇沉积物	Qhfy	第2组	第2组
最新全新世冲积扇河堤沉积物	Qhly	第1组	第1组
最新全新世河流阶地沉积物	Qhty	第1组	第1组
最新全新世球粒冲积物（河流沉积物）	Qhay	未评估	第1组
最新全新世海滩沙	Qhbs	未评估	第1组

续表

地质单元名称	地质图单元缩写	Holzer 等（2008，2010，2011）液化分组	液化分组①
全新世沙丘沙	Qhds	未评估	第2组
全新世旧金山湾泥	Qhbm	未评估	第2组
全新世河口三角洲沉积物	Qhed	未评估	未评估
全新世盆地沉积物	Qhb	未评估	第2组
全新世冲积扇/河口细粒杂岩沉积物	Qhfe	未评估	第2组
全新世冲积扇沉积物	Qhf	第2组	第2组
全新世冲积扇细粒相沉积物	Qhff	第2组	第2组
全新世冲积扇河堤沉积物	Qhl	第2组	第2组
全新世河流阶地沉积物	Qht	未评估	第2组
全新世球粒沉积层	Qha	未评估	第2组
晚更新世至全新世沙丘沙	Qds	未评估	第2组
晚更新世至全新世盆地沉积物	Qb	未评估	未评估
晚更新世至全新世冲积扇沉积物	Qf	未评估	第2组
晚更新世至全新世河流阶地沉积物	Qt	未评估	第2组
晚更新世至全新世球粒沉积层	Qa	未评估	第2组
晚更新世冲积扇沉积物	Qpf	未评估	第2组
晚更新世河流阶地沉积物	Qpt	未评估	第2组
晚更新世球粒沉积层	Qpa	未评估	第2组
更新世海积阶地沉积物	Qmt	未评估	未评估
更新世海湾阶地沉积物	Qbt	未评估	未评估
早更新世至晚更新世三角洲沉积物	Qop	未评估	未评估
早更新世至中更新世冲积扇沉积物	Qof	未评估	未评估
早更新世至中更新世河流阶地沉积物	Qot	未评估	未评估
早更新世至中更新世球粒沉积层	Qoa	未评估	未评估
第四纪早期及更早（>1.4Ma）沉积物和基岩	br	未评估	未评估

注：①两种液化曲线/分组可用于评估该地区的液化概率（Holzer 等，2008；2010；2011）；参见表 E-2、表 E-3 以及方法部分相关描述。"未评估"是指我们判断这些单元的液化危险非常低，可以忽略不计，因而没有计算研究区域内这些地质图单元的液化概率。
②人工填土的液化分组取决于填土之下地质单元的属性。

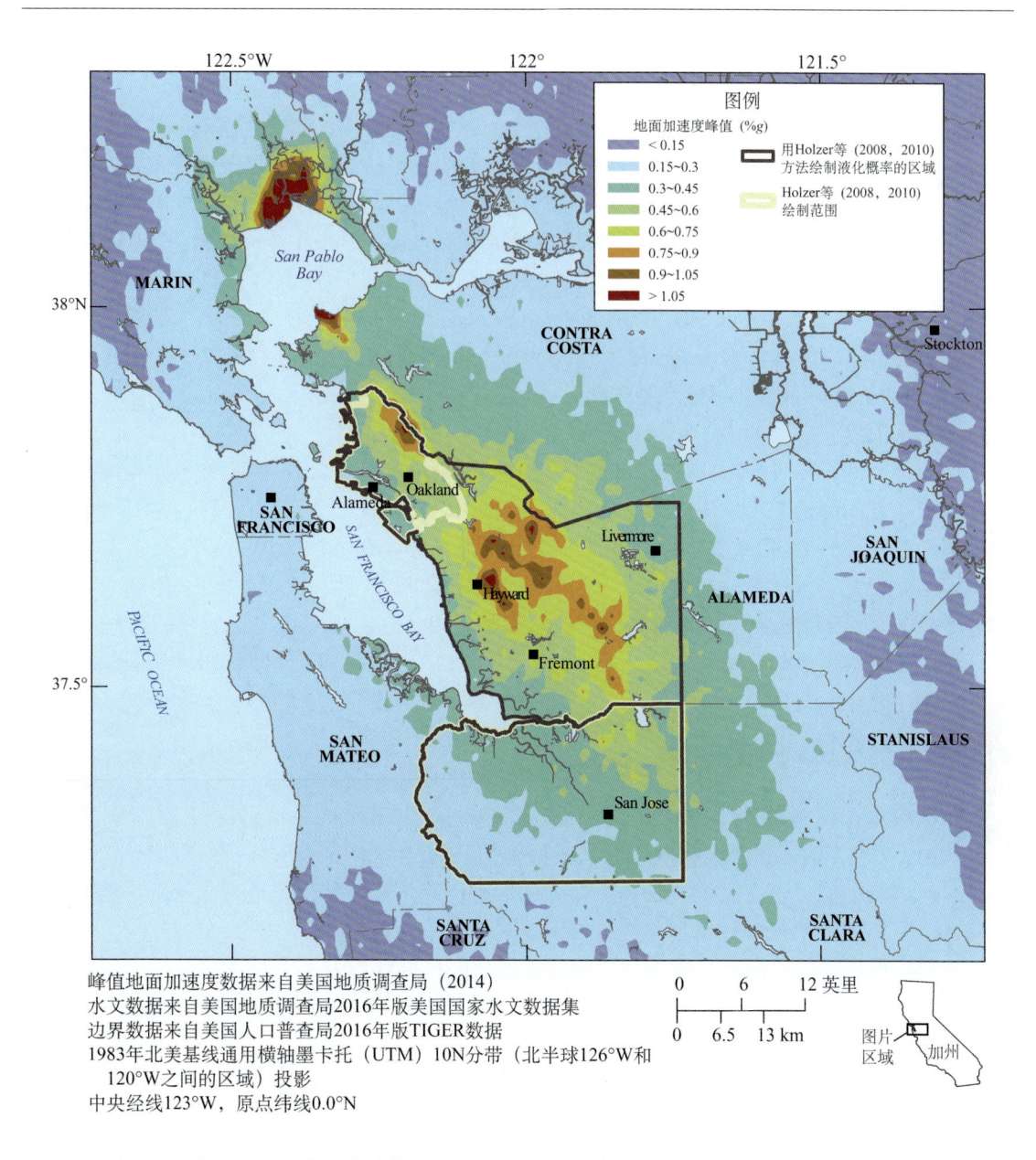

E 海沃德地震情景主震——绘制液化概率分布图

图 E-2 加州旧金山湾区的峰值地面加速度（PGA）分布图（来源于第 C 章），用于评估海沃德地震情景的液化危险性

黑色线框表示采用 Holzer 等（2008，2010）的方法进行液化概率计算的区域

ALAMEDA（Alameda）：阿拉米达；CONTRA COSTA：康特拉科斯塔；Fremont：弗里蒙特；Hayward：海沃德；Livermore：利弗莫尔；MARIN：马林；Oakland：奥克兰；PACIFIC OCEAN：太平洋；SAN FRANCISCO BAY：旧金山湾；SAN JOAQUIN：圣华金；San Jose：圣何塞；SAN MATEO：圣马特奥；San Pablo Bay：圣巴勃罗湾；SANTA CLARA：圣克拉拉；SANTA CRUZ：圣克鲁斯；STANISLAUS：斯坦尼斯洛斯；Stockton：斯托克顿

图 E-2 显示了海沃德地震情景研究区域的地震动（PGA）分布，以及使用 Holzer 等（2008，2010）方法建模计算液化概率的区域边界。第 C 章基于三维物理模型给出了地震动，建模过程考虑了场地条件，如旧金山湾边缘的软土层可能会放大长周期地震动，然而并不容易进行有效模拟。因此，所采用的地震动模型可能会低估地震动。因为液化最可能发生在海湾边缘和较大的河湾附近（Witter 等，2006），这里土壤较软，因此采用该地震动模型可能会低估液化程度。需要注意的是，地震动强烈的大部分区域都包含在 Holzer 等（2008，2010）的液化概率建模区域内。为了估算区域（黑线）以外的液化概率，我们使用了联邦应急管理局（FEMA）的损失评估工具 Hazus-MH 2.1（Federal Emergency Management Agency（联邦应急管理局），2012；Hope Seligson，Seligson 咨询公司，书面交流，2016）和 Witter 等（2006）、Knudsen 等（2000）的液化可能性分布图。

地下水深度：

加州地质调查局（CGS）（Tim McCrink，CGS，书面交流，2014）提供了圣克拉拉河谷和阿拉米达县西部地下水位 3m 深的等值线，如图 E-3 所示。对于圣克拉拉河谷，根据 3m 的地下水位线将研究区域分为两个部分；按照 Holzer 等（2008，2010，2011）的方法进行了不同的处理。一般认为，旧金山湾一侧的地下水位深度小于 3m，而内陆一侧则大于 3m。部分 3m 的地下水位等值线在此次分析中被忽略了，因为它们既不是完整的等值线（不能闭合，因而无法确切地确认地下水位是高于还是低于 3m），也没有被包含在 Holzer 等（2008，2010）的工作中。

四、方法

此次液化评估将被用于 Hazus（Federal Emergency Management Agency（联邦应急管理局），2012）损失估计和海沃德地震情景项目中的其他地震影响建模，我们对 Hope Seligson（Seligson 咨询公司，书面交流，2016）所做的 Hazus 液化概率分布图进行了补充，将 Holzer 等（2008，2010）的概率液化危险性分布图扩展至更广泛的区域。

液化势概率评估包括评估地表沉积物发生液化的可能性以及评估地震动超过给定阈值的概率（也可称作"液化机会"）。液化可能性分布图反映了具有不同物理性质和水文条件变化的地表沉积物分布（例如，Witter 等，2006；Knudsen 等，2000）。液化势分布图是描述地震动液化机会分布图和液化可能性分布图的产物。在这个项目中，我们基于第 C 章给出的海沃德地震情景的地震动以及 Witter 等（2006）绘制的地质图，采用 Holzer 等（2008，2010）开发的一种相对较新的方法，为海沃德地震情景提供液化概率分布图。

Holzer 等（2008，2010）绘制了海沃德断层上发生 6.7 级和 7.0 级地震时阿拉米达县西部和圣克拉拉县北部的液化概率分布图。他们在这两个地区收集了足够密集的 CPT（静力触探试验）数据，以表征许多分布更广泛的、可能更危险的第四纪地质图单元的液化可能性。他们根据 CPT 数据计算了地表地质图单元的 LPI（液化势指数）分布。如果地质图单元的 LPI 分布相似，就把它们划分成同一组。然后，利用 LPI 分布建立每一组的液化概率曲线，进而为不同的地震情景绘制概率液化危险性分布图。在海沃德地震情景主震中我们也遵循他们的步骤，只是采用了模拟地震动，而且还扩大了 Holzer 等（2008，2010）的研究区域，绘制了更大范围的液化概率分布图。

E 海沃德地震情景主震——绘制液化概率分布图

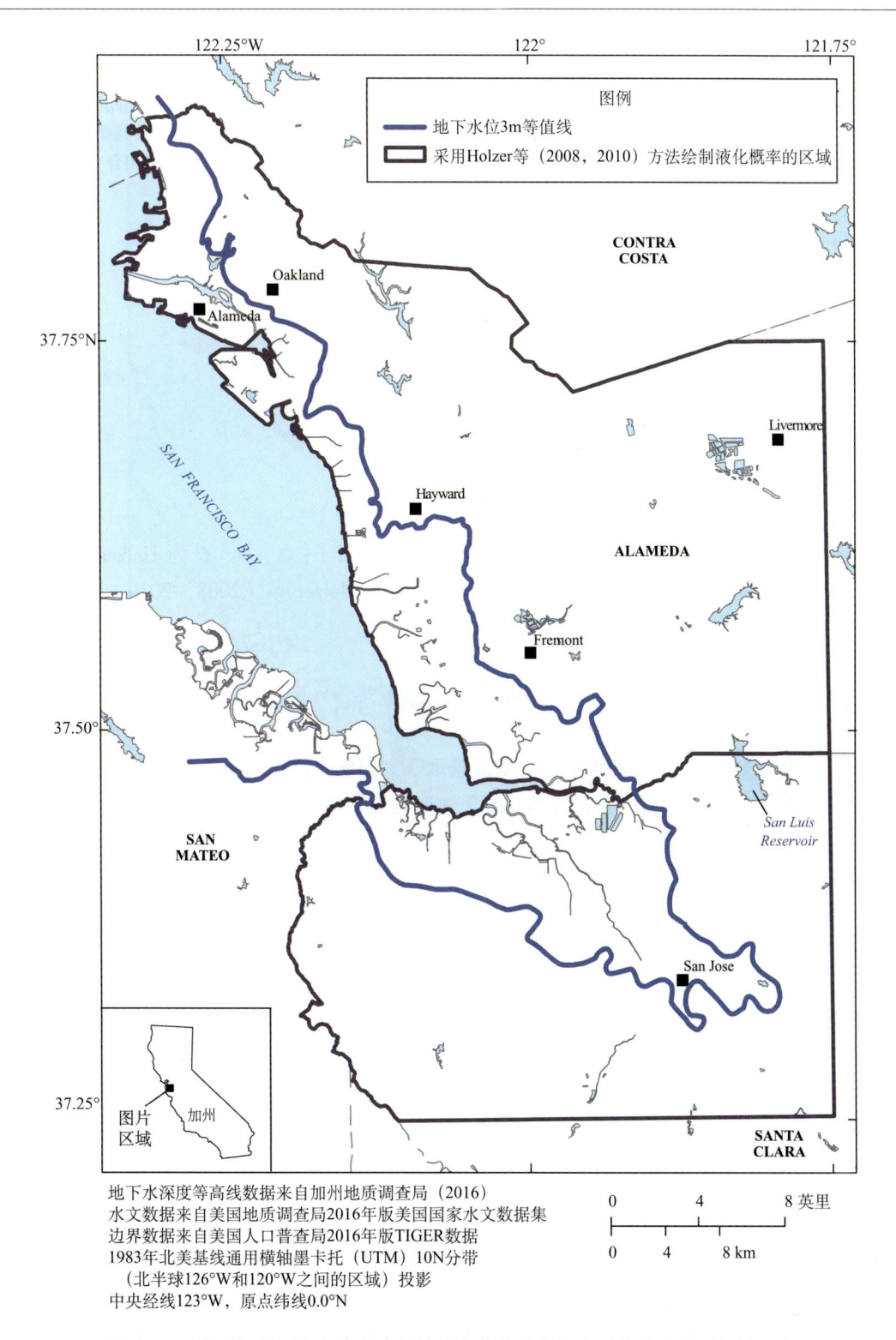

地下水深度等高线数据来自加州地质调查局（2016）
水文数据来自美国地质调查局2016年版美国国家水文数据集
边界数据来自美国人口普查局2016年版TIGER数据
1983年北美基线通用横轴墨卡托（UTM）10N分带
（北半球126°W和120°W之间的区域）投影
中央经线123°W，原点纬线0.0°N

图 E-3 位于加州旧金山湾东南部的圣克拉拉县北部和阿拉米达县西部的历史地下水位 3m 等值线图（Tim McCrink，CGS，书面交流，2014）

为第 1 组，即更容易发生液化的沉积物，因为在过去的湾区地震中，大部分液化事件都发生在这种环境下。

表 E-2 Holzer 等（2011）总结的用于海沃德地震情景的加州圣克拉拉河谷的液化概率常数（用于式（E-1））

区域	地下水位深度（m）	分组 1，地质图单元 Qhly、Qhty			分组 2，地质图单元 Qhf/Qhfy、Qhff、Qhl		
		A	B	C	A	B	C
圣克拉拉河谷	1.5	0.6503	0.2981	-3.7789	1.8336	1.2479	-2.5577
	5.0	0.5886	0.4586	-3.5751	0.2268	0.6571	-3.4305

表 E-3 Holzer 等（2011）总结的用于海沃德地震情景的加州大奥克兰地区的液化概率常数（用于式（E-1））

区域	地下水位深度（m）	分组 1，地质图单元 af			分组 2，地质图单元 Qhf、Qhff、Qhl		
		A	B	C	A	B	C
奥克兰	1.5	0.7826	0.2315	-4.6645	0.0645	0.3366	-6.2881

这两个地区需要两组独特的液化概率常数表明 Witter 等（2006）使用的第四纪地质图单元（图 E-1，表 E-1）的液化势在湾区存在区域变化性。Holzer 等（2008，2010）没有在大奥克兰地区和圣克拉拉河谷以外的地区收集 CPT 数据，也就是说没有可用的 CPT 数据来确定液化概率常数，因此将概率液化评估扩展到阿拉米达县和圣克拉拉县以外的区域是不合适的。

对于 Holzer 等（2008，2010）编图范围以外的区域，我们使用 Hope Seligson（Seligson 咨询公司，书面交流，2016）估算的液化概率，他们采用了 Hazus（联邦应急管理局，2012 年）方法。使用 FEMA 基于地理信息系统（GIS）的 Hazus 软件时，输入地质图，根据 Youd 和 Perkins（1978）的建议输出液化可能性分布图，然后，Hazus 利用这张分布图，以及地震情景的或概率的地震动来估计液化概率和地面永久变形。然而，如果有合适的液化可能性分布图，最好将其作为输入，Hope Seligson（Seligson 咨询公司，书面交流，2016）已经使用了 Knudsen 等（2000）给出的湾区液化可能性分布图。由于在未来的地震中液化也不会百分之百覆盖最危险的地区，因此，Hazus 使用了一个称为"易发生液化的地图单元比例"（也就是单元内任何给定位置存在易发生液化条件的可能性）的因子限制液化的区域范围。当一个区域被判定为非常高的液化可能性时，Hazus 允许最大 25% 的区域发生液化，低液化可能性的地区设置较低的比例。液化概率由下式估计：

$$P[L_{SC}] = \frac{P[L_{SC} \mid PGA = a]}{K_M \times K_W} \times P_{ml} \qquad (E-3)$$

式中，$P[L_{SC} | PGA = a]$ 为液化可能性分组 SC 在给定峰值地面加速度（Hazus 是根据 Liao 等（1988）的经验过程和统计模型计算）的液化发生条件概率；K_M 是矩震级校正系数（基准震级为 7.5；海沃德地震情景主震是 1.09）；K_W 是地下水校正系数（基准深度为 5 英尺）；P_{ml} 是上述假定易发生液化的地质图单元的比例。Hazus 识别每个人口普查区块的中心，并采用式（E-3）计算每个中心点的数值。Hazus 利用这些液化概率计算预期的地面永久变形，并将其应用于 Hazus 损失评估中。

Holzer 等（2008，2010）识别出位于圣克拉拉河谷的 Qhly 和位于大奥克兰地区的 af 地质图单元具有较高液化发生的可能性；我们将它们合成一组相似的地质图单元，称为第 1 组。Holzer 等（2008，2010）将 Qhf、Qhff 和 Qhl 划分为另一组相似的地质图单元，称之为第 2 组。第 1 组相比第 2 组具有更高液化可能性。在我们研究区域内 Witter 等（2006）识别的第四纪地质图单元的不同液化危险性分组见表 E-1。对于圣克拉拉河谷北部，Holzer 等（2008，2010）给出了两个地下水位深度的曲线。我们的方法与 Holzer 等（2008，2010）使用的方法的主要区别在于，我们使用了海沃德地震情景的模拟地震动（第 C 章），而 Holzer 等（2008，2010）使用 Boore 和 Atkinson（2008）针对海沃德断层南部的两个地震情景，由 Boore 和 Atkinson（2008）在 NGA（美国下一代地震动衰减关系）项目中建立的 GMPE（地震动预测方程）来估计地震动。我们的方法与 Holzer 等（2008，2010）的方法另一个不同之处在于，海沃德地震情景的地震动使用了 Wills 等（2000）给出的 V_{S30}（地表以下 30m 深度的等效剪切波速）以考虑场地条件的影响（第 C 章），而 Holzer 等（2008，2010）的分析则使用场地现场测试数据。两项工作估计的 PGA 都采用 Boore 和 Atkinson（2008）的经验模型进行了场地校正，以考虑局部场地条件影响。

我们使用 GIS 工具，栅格大小近似为 50m。计算液化概率的步骤是，首先根据 Witter 等（2006）的地质图（图 E-1）给每个栅格分配一个第四纪地质图单元、地下水位深度（仅圣克拉拉谷），以及从表 E-2（圣克拉拉谷）和表 E-3（阿拉米达县西部）确定对应的液化概率常数。PGA 值也配置给每个栅格。然后用公式（E-1）计算每个栅格单元的液化概率。数据见 Jones 和 Knudsen（2017）。

有关绘制液化概率分布图的方法以及相关的不确定性的进一步讨论，可参考 Holzer 等（2008，2010，2011）。

五、结果

在阿拉米达县西部研究区域（图 E-5），计算得到沿主要河流的部分地区和旧金山湾边缘的人工回填地区的液化概率高达 75%。根据 Holzer 等（2008，2010）的说法，概率估计既描述了在计算点（CPT 探测场点）发生液化的可能性，也描述了该地质图单元多边形中可能受到液化影响的地表面积百分比（假设该地质图单元内有足够的 CPT 采样点）。在弗里蒙特的采石场湖区以及弗里蒙特和利弗莫尔之间的阿拉米达溪、拉古纳溪、谷溪沿线的几个地方（图 E-5）都被绘制为高液化概率区。阿拉米达县北部沿海的大部分地区也有较高的液化概率（40%~50%），大部分沿海地区是发达地区（例如阿拉米达市、奥克兰市和海沃德市的沿海地区）。图 E-5 对比了过去发生液化的地点，结果表明，过去的地震中发生液化的地点大体上位于液化概率较高的区域。

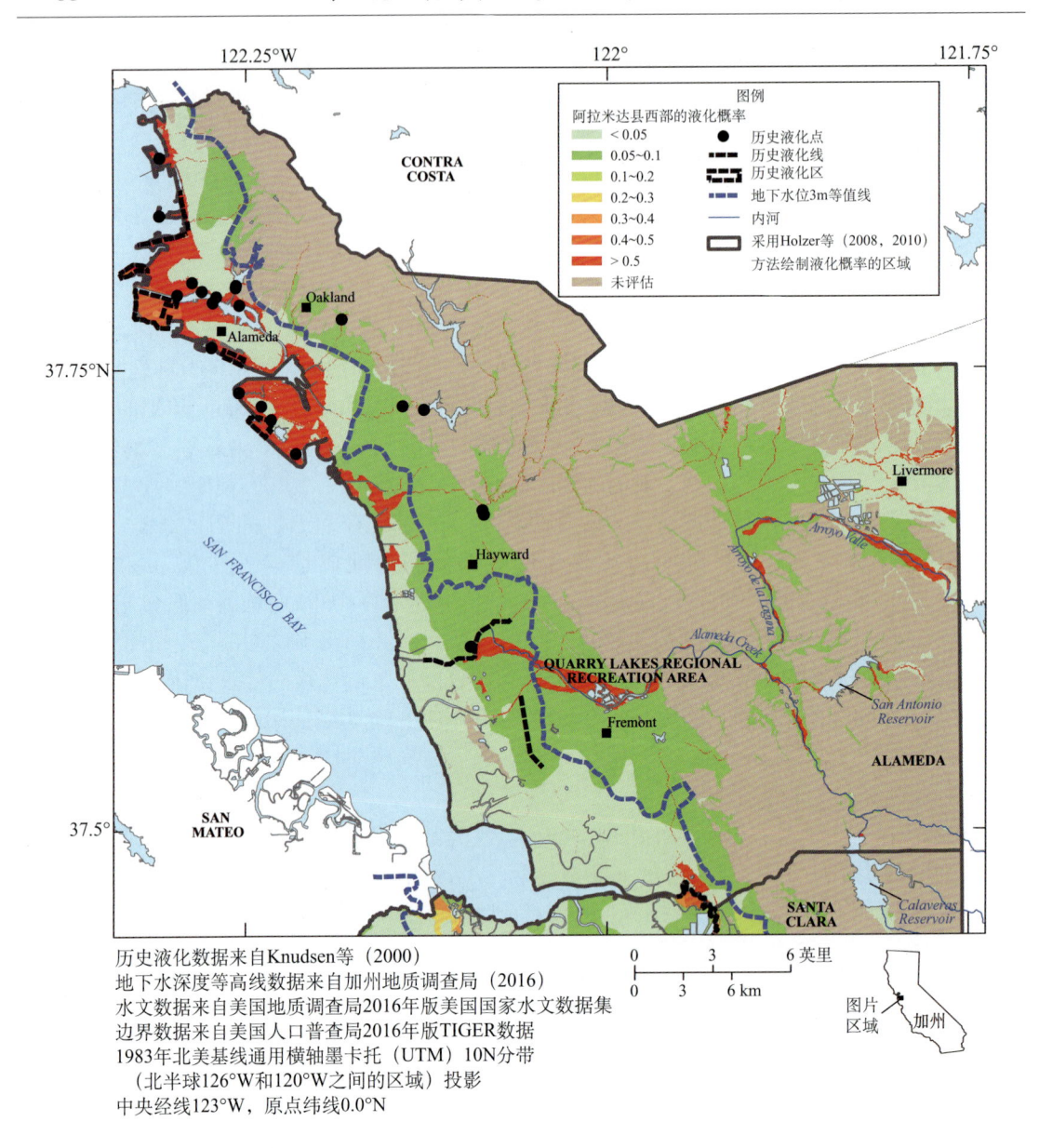

历史液化数据来自Knudsen等（2000）
地下水深度等高线数据来自加州地质调查局（2016）
水文数据来自美国地质调查局2016年版美国国家水文数据集
边界数据来自美国人口普查局2016年版TIGER数据
1983年北美基线通用横轴墨卡托（UTM）10N分带
　（北半球126°W和120°W之间的区域）投影
中央经线123°W，原点纬线0.0°N

图E-5　海沃德地震情景中加州旧金山湾区东南部的阿拉米达县西部的液化概率分布图

历史液化事件源自Knudsen等（2000）的汇编结果，我们选择了有侧向扩张、地面沉降或喷砂点，Knudsen等（2000）将这些点确定为中等或高度可信的事件（排除了Knudsen等（2000）定义的具有不确定或者近似位置的"S"事件，其位置精度存在更高的不确定性）。可以发现，过去发生的液化事件位置与液化概率较高的区域具有良好的一致性

Alameda：阿拉米达；Alameda Creek：阿拉米达溪；Arroyo de la Laguna：拉古纳溪；Arroyo Valle：谷溪；CONTRA COSTA：康特拉科斯塔；Fremont：弗里蒙特；Hayward：海沃德；Livermore：利弗莫尔；Oakland：奥克兰；San Antonio Reservoir：圣安东尼奥水库；SAN MATEO：圣马特奥；SANTA CLARA：圣克拉拉

E 海沃德地震情景主震——绘制液化概率分布图

圣克拉拉河谷的液化概率高达50%左右（图E-6）。图中显示的液化概率为40%～50%的区域位于旧金山湾最南端以及瓜达卢佩河和郊狼溪沿岸。这些地区通常已进行了商业开发（例如，办公楼），而非住宅开发。圣克拉拉河谷的大部分已开发土地位于液化概率较低的地区（5%～10%）。圣克拉拉河谷在过去的地震中发生液化的地点大多位于液化概率较高的地区或附近（图E-6）。

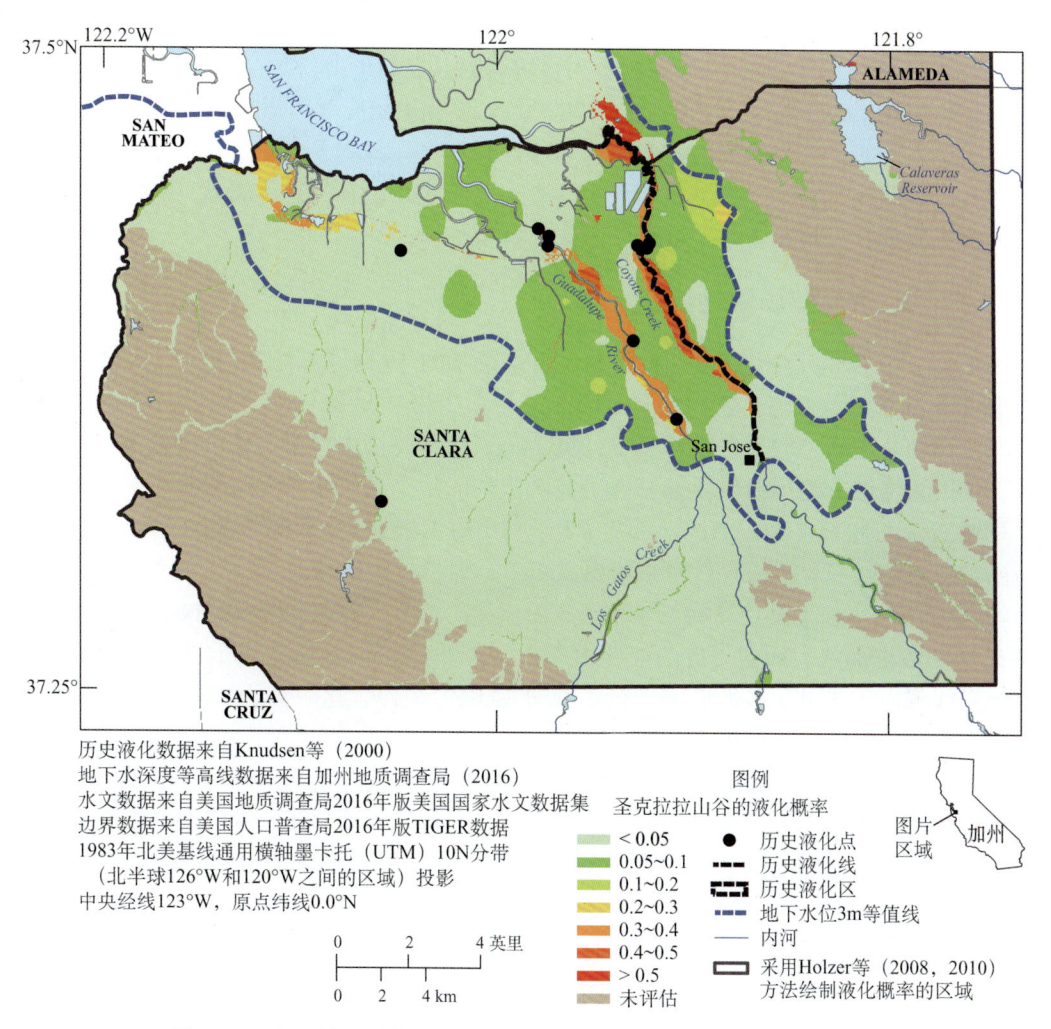

图E-6 海沃德地震情景中加州旧金山湾区东南部的圣克拉拉河谷的液化概率分布图

历史液化事件源自Knudsen等（2000）的汇编结果，我们选择了侧向扩张、地面沉降或喷砂点，Kundsen等（2000）将这些点确定为中度或高度可信的事件（排除了Knudsen等（2000）定义的具有不确定或者近似位置的"S"事件，其位置精度存在更高的不确定性）。可以发现，过去发生的液化事件位置和液化概率较高的区域具有良好的一致性

Alameda：阿拉米达；Calaveras Reservoir：卡拉维拉斯县水库；Coyote Creek：郊狼溪；Guadalupe River：瓜达卢佩河；Los Gatos Creek：洛思加图斯溪；SAN FRANCISCO BAY：旧金山湾；San Jose：圣何塞；SAN MATEO：圣马特奥；SANTA CLARA：圣克拉拉；SANTA CRUZ：圣克鲁斯

两种液化概率建模方法对人口普查区块的概率估计略有不同。Hazus 的概率（图 E-7）利用了已有的液化可能性分布图（Knudsen 等，2000；Witter 等，2006）和普查区块中心点的水位深度（Holzer 等，2008，2010，2011）。Holzer 等（2008，2010，2011）方法计算的概率（图 E-8）是人口普查区块已开发地区的液化概率平均值，其过程如下：①从 2011 年美国国家土地覆被数据库（Homer 等，2015）中选取液化概率非零且已开发地区（高、中、低度）的 50m 精度网格单元；②将这些网格对应的概率相加求和，再除以所选网格单元的数量。图 E-9 比较了两种方法计算的各人口普查区块的液化概率。在大多数人口普查区块 Hazus 估计的液化概率更大（图 E-8、图 E-9）。使用 Holzer 等（2008，2010，2011）方法得出的一些人口普查区块的液化概率大于 60%，超过了 Hazus 估计值；Hazus 的液化概率上限为 25%（例如，旧金山湾沿海的人工回填区），而使用 Holzer 等（2008，2010，2011）方法得出的液化概率大多在 40%~60% 的范围内。

六、认知不足和模型局限性

Holzer 等（2008，2010）没有收集到足够多的 CPT 数据以完全表征研究区域内所有的第四纪地质图单元，因此，他们简化了 Witter 等（2006）的第四纪地质图，将地质图单元按照液化势划分为高、低、可忽略三个分组，我们也照此操作。为了充分探索液化概率的范围并提供更为详细的编图结果，需要为研究区域内的每个地质图单元收集更多的 CPT 数据。

早期 Toprak 和 Holzer（2003）研究认为，LPI 值大于等于 5 的具有 CPT 数据的区域一般认为出现地表液化现象。Holzer 等（2008，2010）根据这个结论绘制液化概率分布图，计算的"液化概率"实际上是计算的 LPI 大于 5 的概率。此外，Holzer 等（2008，2010）既能计算拥有 CPT 数据的地表面某一点的液化概率，又能采用相同的概率表示可能发生液化的程度，他们假设地质图单元多边形内进行了充分的 CPT 采样，这一假设可能适用于所有第四纪地质图单元，也可能不适用。

Holzer 等（2008，2010）没有对旧金山湾南缘的全新世旧金山湾泥（Qhbm）进行评估，因为静力触探车无法进入。该地区开发程度较低，但可能会对 Qhbm 对应地区的生命线基础设施产生影响，包括变电站、发电厂、输电线路、铁路和管道。我们将 Qhbm 划分至第 2 组，即中度液化危险性组。

现有区域地质图是以 1:24000 比例尺编制的，特定场地的条件可能有所不同，特别是在砂质人工回填区，在这些地区，为了防止液化以及由此引起的结构损坏，对土体进行了工程处理。Witter 等（2006）和 Knudsen 等（2000）绘制的地质图是以当时最新的 7.5 分精度的地形图为基础的，然而最新版地形图出版以来，许多地方的地表地形已经发生了改变。当经济开发进行大规模土方平整时，第四纪地质图可能无法捕捉到地质材料的精细特性。

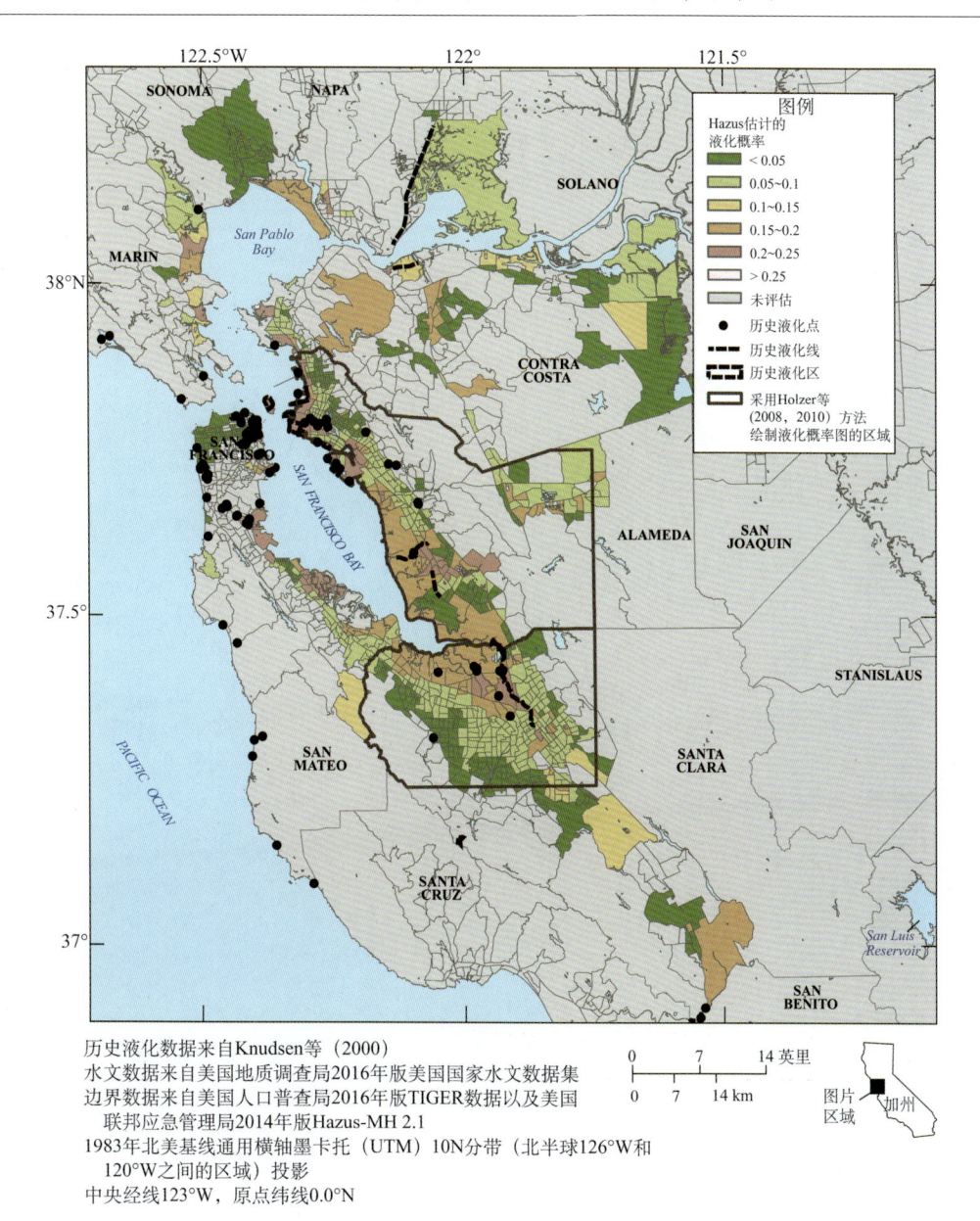

E 海沃德地震情景主震——绘制液化概率分布图 ·71·

图 E-7 采用 Hazus-MH 2.1（FEMA（联邦应急管理局），2012）估计的海沃德地震情景中加州旧金山湾区的人口普查区块的液化概率分布图

Hazus利用人口普查区块中心点的液化可能性、峰值地面加速度、震级、地下水位深度和所对应地质图单元的液化可能性比例进行液化概率估计。历史液化事件源自 Knudsen 等（2000）的汇编结果，我们选择了侧向扩张、地面沉降或喷砂点，Kundsen 等（2000）将这些点确定为中度或高度可信的事件

Alameda：阿拉米达；CONTRA COSTA：康特拉科斯塔；MARIN：马林；NAPA：纳帕；
PACIFIC OCEAN：太平洋；SAN FRANCISCO BAY：旧金山湾；SAN JOAQUIN：圣华金；
SAN MATEO：圣马特奥；San Pablo Bay：圣巴勃罗湾；SANTA CLARA：圣克拉拉；
SANTA CRUZ：圣克鲁斯；SOLANO：索拉诺；SONOMA：索诺玛；STANISLAUS：斯坦尼斯洛斯

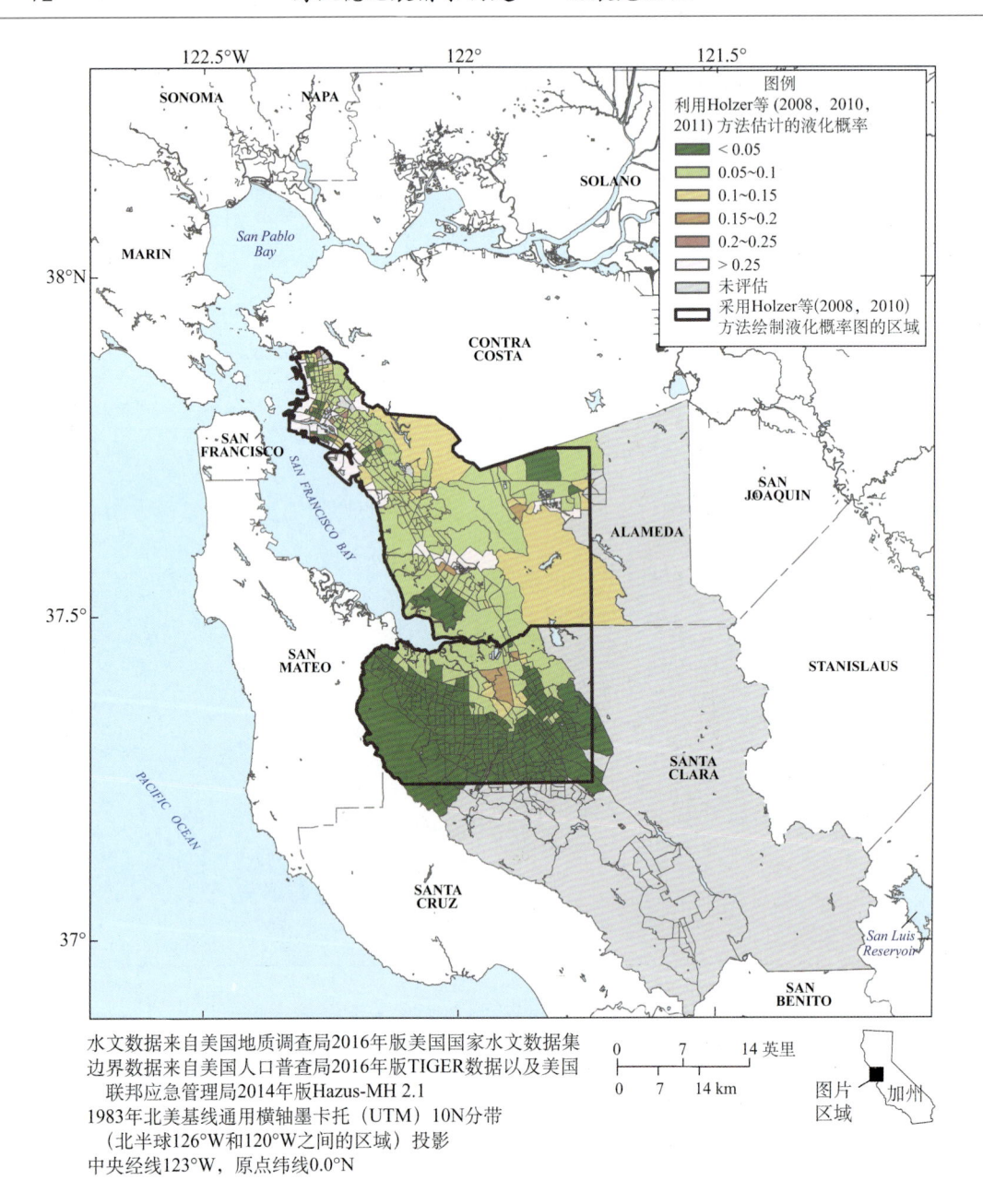

图 E-8　采用 Holzer 等（2008，2010，2011）的方法估计的海沃德地震情景中加州旧金山湾区的阿拉米达县和圣克拉拉县的人口普查区块的液化概率分布图

利用 2011 年美国国家土地覆被数据库（Homer 等，2015）中液化概率非零且已开发地区（高、中、低度）的 50m 精度网格单元的概率相加求和，除以网格单元数量来估算人口普查区块的液化概率

Alameda：阿拉米达；CONTRA COSTA：康特拉科斯塔；MARIN：马林；NAPA：纳帕；
PACIFIC OCEAN：太平洋；SAN FRANCISCO BAY：旧金山湾；SAN JOAQUIN：圣华金；
SAN MATEO：圣马特奥；San Pablo Bay：圣巴勃罗湾；SANTA CLARA：圣克拉拉；
SANTA CRUZ：圣克鲁斯；SOLANO：索拉诺；SONOMA：索诺玛；STANISLAUS：斯坦尼斯洛斯

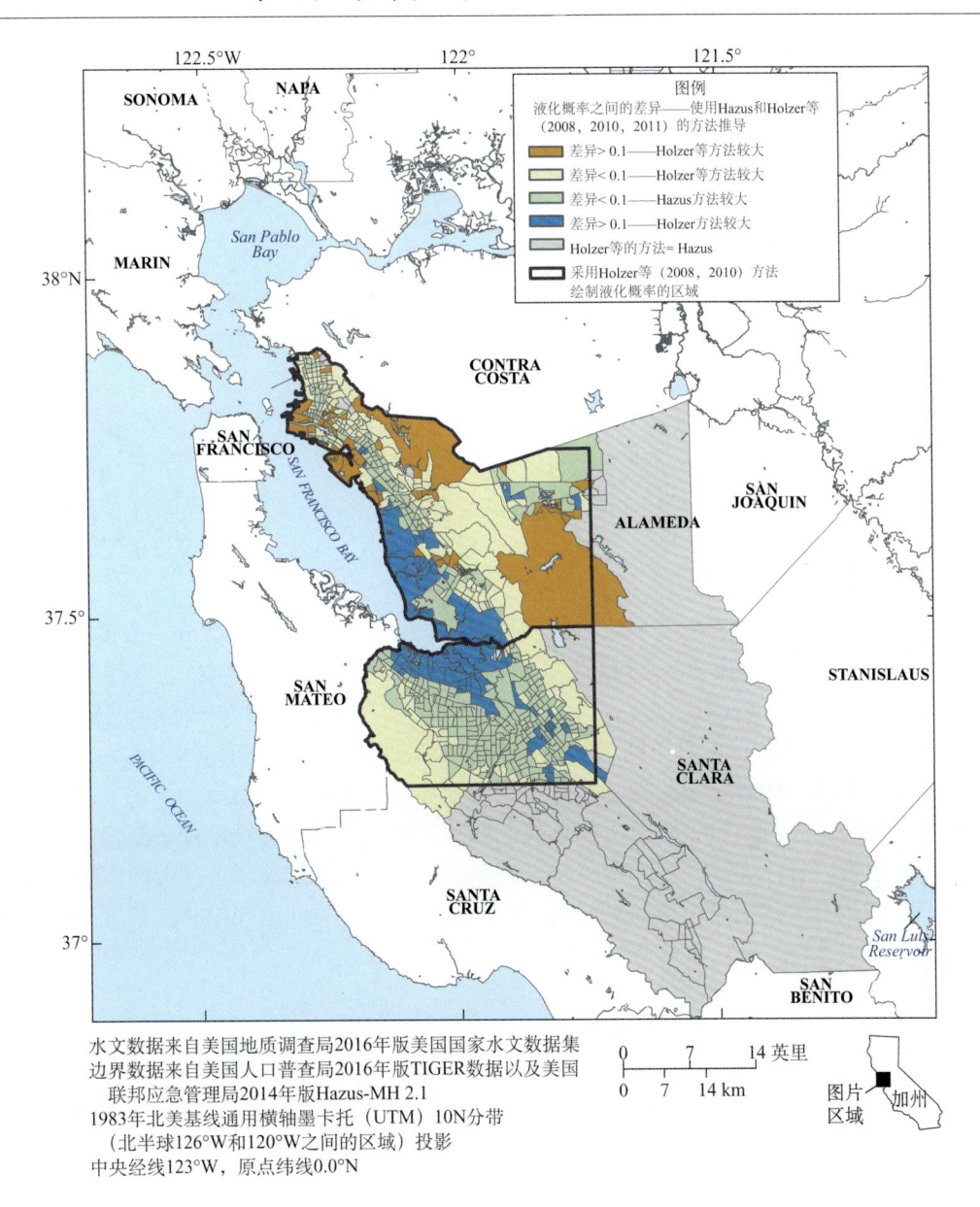

图 E-9 采用 Hazus-MH 2.1 (FEMA (联邦应急管理局), 2012) 和 Holzer 等 (2008, 2010, 2011) 的方法估计的海沃德地震情景中加州旧金山湾区的阿拉米达县和圣克拉拉县的人口普查区块点的液化概率分布的差异

Hazus 使用的是人口普查区块中心点的数据, 而 Holzer 等 (2008, 2010, 2011) 是计算的平均值 (利用 2011 年美国国家土地覆被数据库 (Homer 等, 2015) 中液化概率非零且已开发地区 (高、中、低) 的 50m 精度网格单元的概率相加求和, 除以网格单元数量来估算人口普查区块的液化概率)

Alameda: 阿拉米达; CONTRA COSTA: 康特拉科斯塔; MARIN: 马林; NAPA: 纳帕; PACIFIC OCEAN: 太平洋; SAN FRANCISCO BAY: 旧金山湾; SAN JOAQUIN: 圣华金; SAN MATEO: 圣马特奥; San Pablo Bay: 圣巴勃罗湾; SANTA CLARA: 圣克拉拉; SANTA CRUZ: 圣克鲁斯; SOLANO: 索拉诺; SONOMA: 索诺玛; STANISLAUS: 斯坦尼斯洛斯

Holzer 等（2008，2010）计算的液化概率使用了加州地质调查局（CGS）的历史地下水位数据以及 CPT 测试时收集的地下水深度。Holzer 等（2008，2010）以及本研究使用的方法都没有考虑地下水位季节性的波动，也没有考虑历史地下水位和未来地震发生时地下水位之间的差异。加州的干旱将增加旧金山湾区部分地区地下水的深度，在本报告发布之时，加州已经经历了数年的干旱，至少 1 年干旱之后，地下水位就可以被观测到有变化（深度增加）（USGS（美国地质调查局），2015）。随着地下水深度增加，液化势将会减小。然而，大多数沉积层被确认为具有高液化概率的海湾边缘，其地下水深度通常受海湾内的海平面控制，海平面上升可能会增加海湾边缘地区的液化危险性，例如旧金山市（Thomas Holzer，美国地质调查局，书面通信，2015）。

在评估液化危险性时，通常采用震级来代替地震持续时间（例如，Youd 等，2001）。Holzer 等（2008，2010，2011）的方法利用地震震级计算液化安全系数，它是估算液化势的基础参数。地震持续时间直接影响地表是否发生液化以及液化的范围和强度，持续时间越长，液化破坏越严重。如果给定一震级，地震持续时间小于或大于给定震级的平均值，可能分别导致液化概率被低估或高估。

液化概率的计算很大程度上取决于所使用的地震动。在海沃德地震情景主震中，我们使用了由 Aagaard、Boatwright 等（第 C 章）基于三维物理模型模拟的 PGA，该模型针对旧金山湾边缘的软土地区存在局限性。此外，我们的分析使用了相对精细的 50m 网格，而 PGA 值采用的是更粗的网格，我们为此进行了插值。如果使用其他海沃德断层地震情景的震动图，可能会产生不同的液化危险性，例如，在其他地震情景中旧金山市的液化危险性更高。

在地质和岩土工程领域一些改进的危险性评估方法将有助于更好地评估液化危险性。例如，在许多地区，较为详细的地形资料越来越多，可以用来识别地形坡度的陡或缓，同时出现了预测与液化有关的地表位移的更好的方法。预测液化有关的地表位移的精度更高的输入数据和改进的模型将在更广泛的领域内发挥作用。

七、结论

本章基于 Holzer 等（2008，2010，2011）的方法绘制的阿拉米达县西部和圣克拉拉河谷液化概率分布图提供了海沃德断层发生大地震时液化危险性的深入认识。结果表明，在海沃德地震情景主震中一些地区的液化概率很高，因此液化可能是造成重大破坏的主要因素。液化引起的地面破坏预计将对居民区、商业区产生影响，特别是旧金山湾边缘区域，这里分布着大量生命线网络。圣克拉拉河谷北部的液化范围预计不会像阿拉米达县西部的那样大，而且受影响的地区主要是商业区。需要说明的是，为降低液化范围、程度及其对既有结构的破坏，一些特定场地的结构已采取了相应的工程措施，我们在进行液化概率估计时并没有考虑这些。

本章得到的阿拉米达县西部和圣克拉拉河谷的液化概率与 Holzer 等（2008，2010）的结果是有差异的（一些地区更高），因为我们使用了第 C 章给出的模拟地震动，高于或低于 Holzer 等（2008，2010）使用的 Boore 和 Atkinson（2008）在 NGA 项目中开发的地震动预测方程给出的地震动估计值。

使用 Holzer 等（2008，2010）的方法绘制的液化概率分布图正被用于海沃德地震情景项目的其他分析工作中,例如使用 Hazus 进行损失评估(Hope Seligson,Seligson 咨询公司,书面交流,2016)。然而,对于海沃德地震情景影响的其他地区(包括曾发生过液化的旧金山市),我们只有根据 Hazus 方法的液化概率估计。我们的分析结果正被用于基础设施/生命线的暴露度、破坏和服务中断的相关分析中。

八、致谢

美国地质调查局的 Thomas Holzer 和 Thomas Noce 对其方法在海沃德地震情景主震及扩大的地理区域的应用提供了指导。Thomas Holzer 对认知不足的分析提供了帮助。Thomas Holzer 和 Eric Thompson(来自美国地质调查局)对本章内容进行了认真审阅。Amandine Dhellemmes(来自美国地质调查局)进行了初步分析,解释了海沃德地震情景与之前地震情景的差异,并协助识别了研究区域内未考虑的地质单元。

参 考 文 献

Aagaard B T, Graves R W, Schwartz D P, Ponce D A and Graymer R W, 2010, Ground-motion modeling of Hayward Fault scenario earthquakes, Part Ⅰ—Construction of the suite of scenarios: Bulletin of the Seismological Society of America, v. 100, no. 6, p. 2927-2944, accessed December 23, 2016, at http://dx.doi.org/10.1785/0120090324.

Boore D M and Atkinson G M, 2008, Ground-motion prediction equations for the average horizontal component of PGA, PGV, and 5%-damped PSA at spectral periods between 0.01s and 10.0s: Earthquake Spectra, v. 24, no. 1, p. 99-138, accessed December 15, 2016, at http://dx.doi.org/10.1193/1.2830434.

Cubrinovski M, Taylor M, Robinson K, Winkley A, Hughes M, Haskell J and Bradley B, 2014, Key factors in the liquefaction-induced damage to buildings and infrastructure in Christchurch—Preliminary findings: 2014 New Zealand Society for Earthquake Engineering, Auckland, New Zealand, March 21-23, 2014, accessed December 15, 2016, at http://db.nzsee.org.nz/2014/Orals.htm.

Federal Emergency Management Agency, 2012, Hazus multi-hazard loss estimation methodology, earthquake model, Hazus? -MH 2.1 technical manual: Federal Emergency Management Agency, Mitigation Division, accessed December 15, 2016, 718p., at https://www.fema.gov/media-library-data/20130726-1820-25045-6286/hzmh2_1_eq_tm.pdf.

Green R A, Cubrinovski M, Cox B, Wood C, Wotherspoon L, Bradley B and Maurer B, 2014, Select liquefaction case histories from the 2010-2011 Canterbury earthquake sequence: Earthquake Spectra, v. 30, no. 1, p. 131-153, accessed December 15, 2016, at http://dx.doi.org/10.1193/030713EQS066M.

Holzer T L, Noce T E and Bennett M J, 2008, Liquefaction hazard maps for three earthquake scenarios for the communities of San Jose, Campbell, Cupertino, Los Altos, Los Gatos, Milpitas, Mountain View, Palo Alto, Santa Clara, Saratoga, and Sunnyvale, northern Santa Clara County, California: U.S. Geological Survey Open-File Report 2008-1270, 29p., 3 plates, and database, https://pubs.usgs.gov/of/2008/1270/.

Holzer T L, Noce T E and Bennett M J, 2010, Predicted liquefaction in the greater Oakland area and northern Santa Clara Valley during a repeat of the 1868 Hayward Fault (M6.7-7.0) earthquake: Proceedings of the Third Conference on Earthquake Hazards in the Eastern San Francisco Bay Area October 22-24, 2008.

Holzer T L, Noce T E and Bennett M J, 2011, Liquefaction probability curves for surficial geologic deposits: Environmental and Engineering Geoscience, v. XVII, no. 1, p. 1-21.

F 海沃德地震情景主震——地震诱发滑坡危险性

Timothy P. McCrink* Florante G. Perez*

一、摘要

海沃德地震情景是假设于 2018 年 4 月 18 日下午 4 点 18 分在加州旧金山湾东湾的海沃德断层上发生的矩震级 7.0 的地震（主震）。本章估计了海沃德地震情景在旧金山湾区周围 10 县内诱发大范围的边坡破坏（滑坡）的概率，所需的四个主要数据集包括该地区的区域地质图、加州地质调查局地震危险性图项目汇编的地质强度参数、美国地质调查局针对海沃德地震情景开发的震动图的地震动数据、美国地质调查局（USGS）2009 年美国国家高程数据库（NED）的 10m 数字高程数据。基于屈服加速度并结合地质材料的强度和边坡坡度绘制了地震诱发滑坡可能性分布图。采用简化的纽马克（Newmark）刚性滑块边坡稳定性模型估算在情景地震的地震动作用下边坡的累计滑坡位移，并计算了作为纽马克位移预测值的函数的滑坡失效概率，讨论了方法的已知局限性和需要改进的地方。在本报告的后续章节中，本章计算的滑坡位移和发生概率用来确定易遭受破坏的高速公路和公用基础设施，并估计旧金山湾区已开发地区的建筑物的经济损失。

二、引言

海沃德地震情景是假设于 2018 年 4 月 18 日下午 4 点 18 分在加州旧金山湾东湾的海沃德断层上发生的矩震级 7.0 的地震（主震），该地震情景的一部分是研究地震对旧金山湾区基础设施的影响，这种地震事件诱发的边坡破坏（滑坡）预计会造成广泛的灾害，影响主要的运输通道、通信网络、生命线基础设施以及旧金山湾区内人口稠密的丘陵地区的许多结构。本章估算了旧金山湾周围 10 县的地震诱发边坡破坏的概率（图 F-1），有助于估计海沃德地震情景主震造成的破坏和损失。

在过去的 15 年中，已经开发了许多预测地震诱发滑坡的方法（例如，Jibson 等，2000；Jibson，2007；Bray 和 Travasarou，2007；Saygili 和 Rathje，2008；Rathje 和 Saygili，2008；Rathje 和 Antonakos，2011）。通常，这些方法需要一个或多个地震动参数的估计值、坡度和地质材料强度。最近，已经开展了类似本项目的工作，开发地震诱发边坡破坏概率的近实时评估，作为美国地质调查局（USGS）对全球地震响应快速评估（PAGER）系统的一部分，该系统将地震动估计值作为输入（Godt 等，2009；Nowicki 等，2014）。这项研究的一个主要目标是开发一套程序，该程序利用上述方法以及加州地质调查局（CGS）汇编的地图和数

---

* 加州地质调查局。

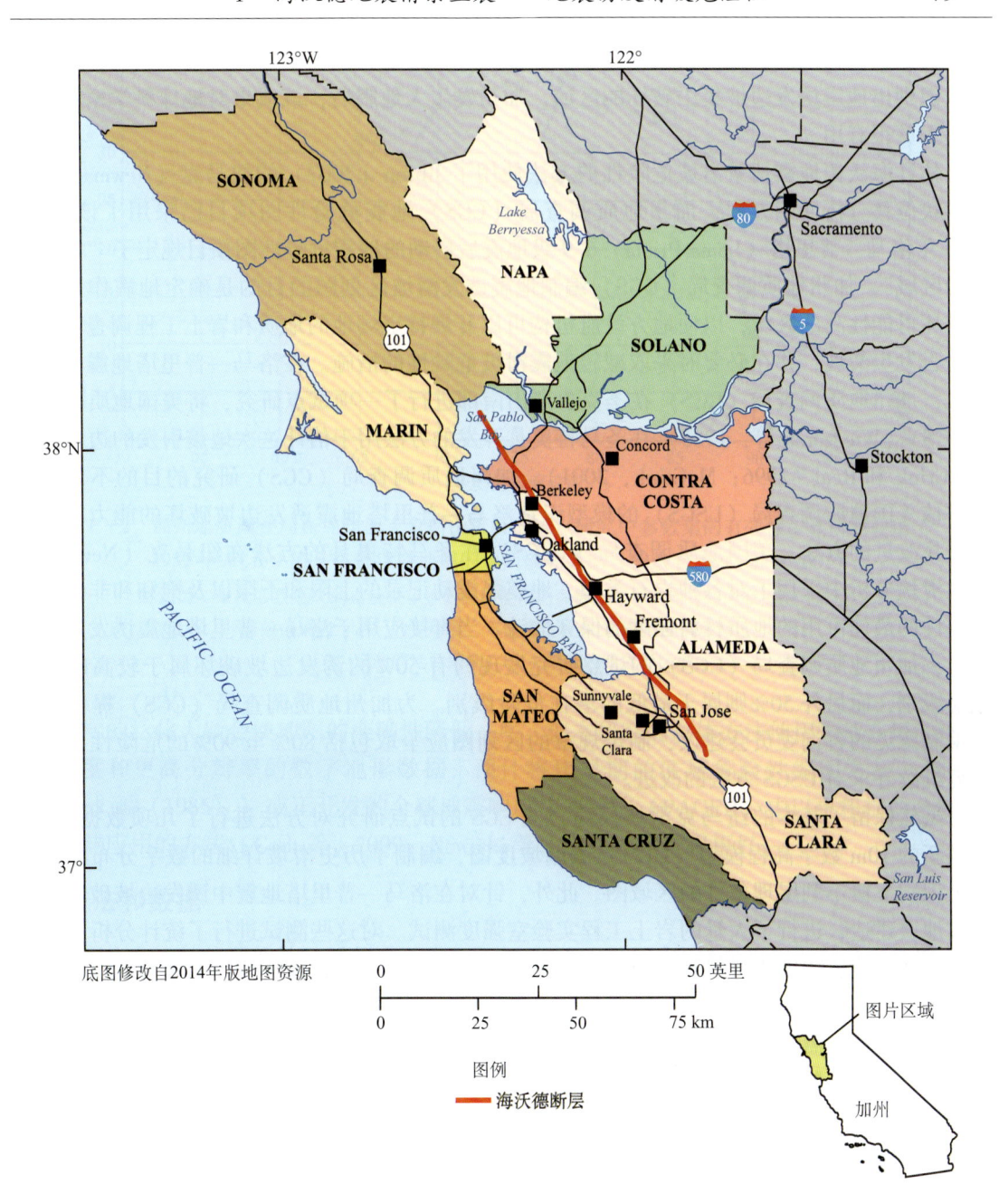

图 F-1 加州旧金山湾区通用地图，图中显示了海沃德地震情景研究中 10 个县的区域

Alameda：阿拉米达；Berkeley：伯克利；Concord：康科德；CONTRA COSTA：康特拉科斯塔；
Fremont：弗里蒙特；Lake Berryessa：贝利萨湖；MARIN：马林；NAPA：纳帕；Oakland：奥克兰；
PACIFIC OCEAN：太平洋；Sacramento：萨克拉门托；San Francisco：旧金山；
SAN FRANCISCO BAY：旧金山湾；San Jose：圣何塞；SAN MATEO：圣马特奥；San Pablo Bay：圣巴勃罗湾；
SANTA CLARA：圣克拉拉；SANTA CRUZ：圣克鲁斯；Santa Rosa：圣罗莎；SOLANO：索拉诺；
SONOMA：索诺玛；Stockton：斯托克顿；Vallejo：瓦列霍

域作为不同的地质单元。对于海沃德地震情景主震，由于考虑的区域很大，大多数方法都无法采用。

研究区域地质材料强度的特性需要两部分来描述：各种地质单元的实验室抗剪强度测试和比例尺适当的地质图，以便在空间上应用这些强度参数。CGS地震危险性区划（SHZ）图已编制的29个7.5分四边形区域（图F-3）的强度数据可以获得。超过2000个实验室剪切试验（主要是直剪试验和少量的三轴剪切试验），可用于表述四边形分区中的地质单元的强度特性，并将这些数据外推到研究区域的其余区域（大概是下述区域的5倍，约150个分区四边形）。可用于地震危险性区划的地质图来自各种1∶24000比例尺的资料（请参见附录F-1，地震危险性区划报告列表），并且在许多情况下有不同的地质命名法。

由于尚未对整个海沃德地震情景研究区域进行统一的1∶24000比例尺地质测绘，因此我们使用了一份未发布的加州通用地质汇编地图（C. Gutierrez，CGS，书面通信，2014），并从中提取了10个县的研究区域，提取的旧金山湾区地质图的地质数据来源包括Graymer等（2006）的基岩地质、Knudsen等（2000）和Witter等（2006）的第四纪地质。这份未发布的湾区地质汇编是编制加州场地条件分布图的中间产品（Wills等，2015），该分布图可能是未来加州 a_y 分布图的主要输入。Wills等（2015）的场地条件分布图旨在显示近地表土壤引起的可能的地震放大，因此与CGS地震危险性区划图（SHZ）相比，它提供了第四纪地质图单元的更多细节，并归纳和组合了剪切波速相似的基岩单元。未发布的通用地质汇编图包括可获得的历史滑坡数据以及人工填土和崩积层的数据。历史滑坡数据对海沃德地震情景很重要。通用地质汇编图由66个独特的地质图单元组成。相比之下，有抗剪强度数据的29个7.5分四边形研究区域中，1∶24000比例尺的地图包含了240个地质单元。

通过评估地质图的说明性文字和背景文献将SHZ图和通用地质汇编图关联起来，以确定10个县的研究区域内哪些地质单元在地层和岩性上属于同一类。表F-1给出了包含海沃德地震情景研究区域的CGS SHZ图中240个地质图单元与通用地质汇编图的66个地质图单元的对应关系（仅显示地质图单元符号）。一些单元，例如Kgr（白垩纪盐生杂岩火成（花岗）岩），两种图直接对应，而其他单元，例如通用地质汇编图中的Tms（中新世沉积岩）地质图单元，在SHZ图上代表了多达36个不同的地质单元。在通用地质汇编图中覆盖了相当大区域的五个地质图单元（TKs、TKss、Tss、Tst和Tv）在SHZ图上没有对应的单元，因为它们要么是出现在SHZ图之外的地质图单元，要么是SHZ图区域内没有强度数据的单元。

通用地质汇编图中有一半的单元有相应的具有地质材料强度数据的SHZ地质图单元。对于这些单元，将 ϕ'、c' 和湿重（γ）数据进行汇编，并给出每个单元恰当的平均值（均值或中位数）。根据SHZ地质图中是否有相应的单元，将没有地质材料强度数据的另一半单元与有数据的单元进行分组。如果通用地质汇编图中的单元具有相应的SHZ单元，但SHZ单元没有地质材料强度数据，参考旧金山湾区的地震危险性区划报告（附录F-1），了解这些单元是如何进行分组的。然后，根据区划图编制指定的地质材料强度值，将该单元指定为具有相似强度特性的通用地质汇编图单元。在SHZ地质图中没有对应单元的其他单元，根据年代、岩性和地质判断，赋予强度值。通用地质汇编图通过将重新汇编的实验室强度值（ϕ'，c'，γ）分配给地图数据库，形成地质材料强度图。表F-2提供了通用地质汇编图中

F 海沃德地震情景主震——地震诱发滑坡危险性 ·83·

的单元列表,其中包含在分析中使用的 ϕ' 和 c' 值。附录 F-2(提供了 .csv 或 .xlsx 文件格式)包含所有 SHZ 地质图单元的详细列表,给出了哪些 7.5 分四边形包含强度数据,它们如何与通用地质汇编图单元相对应,提供了使用的平均强度值。

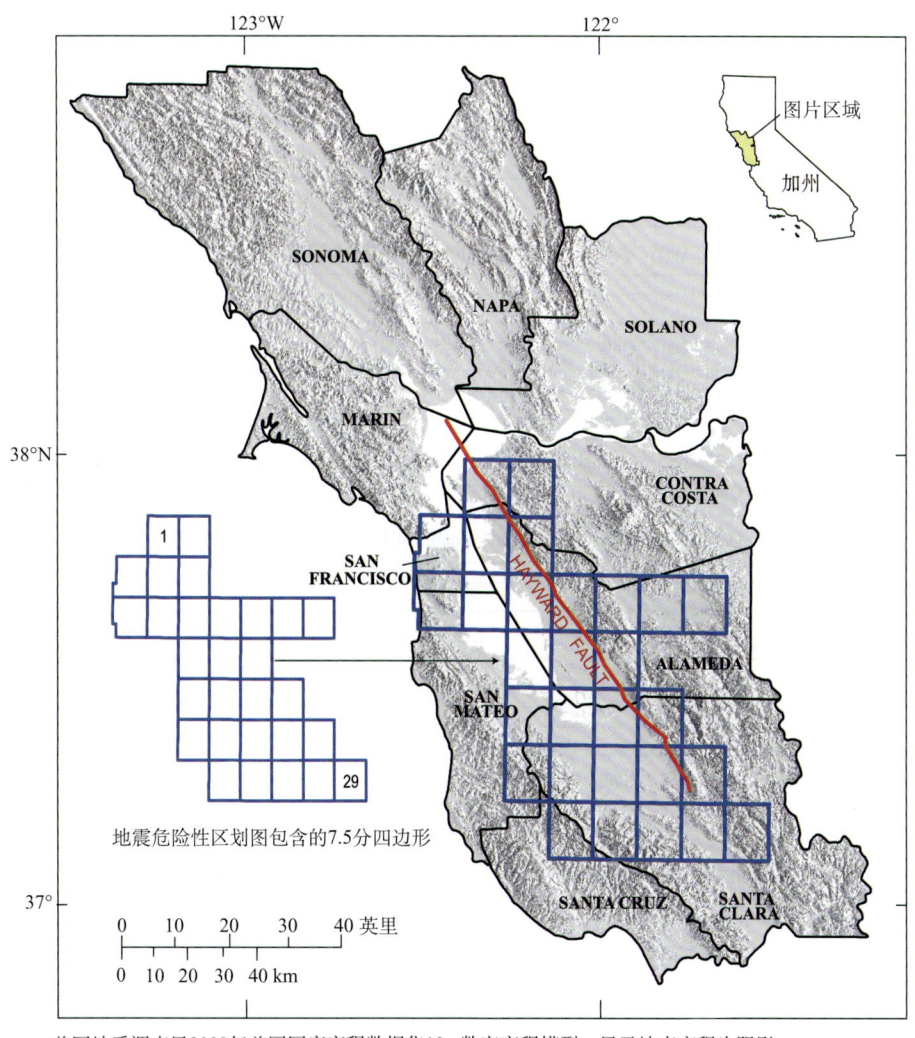

美国地质调查局2009年美国国家高程数据集10m数字高程模型,显示地表高程为阴影。
州界来自加州林业和消防局,2009年

图 F-3 海沃德地震情景中加州旧金山湾区 10 县研究区域地图,图中
插入了加州地质调查局地震危险性区划图包含的 29 个 7.5 分四边形

ALAMEDA:阿拉米达;CONTRA COSTA:康特拉科斯塔;MARIN:马林;NAPA:纳帕;
SAN FRANCISCO BAY:旧金山湾;SAN MATEO:圣马特奥;SANTA CLARA:圣克拉拉;
SANTA CRUZ:圣克鲁斯;SOLANO:索拉诺;SONOMA:索诺玛

译者注:原图经度"121°",译者修正为"123°W"

续表

GGCM	包含海沃德地震情景研究区域内29个7.5分四边形的CGS地震危险性区划图
侵入岩	
Jhg	Jhg
Ji	gb Jgb Jic Jog Joi Jou Joy
Kgr	Kgr
变质岩	
fcm	fcm
fsr	am bi bl bs cg ch fnI fs fsr fws gs
Jsp	Jfgs Jos Jos Jsp Jspm Jssp KJfsp KJfy sc scm sp
Kfc	Kfc
Kfm	Kfm
KJfc	fc finc Kfgwy KJc KJfch KJflg KJs KJsk
KJfm	fl fm fmm fy1 fy2 fys KJfe KJfm KJfmw Kjm KJm
MzPzm	MzPzm
Mzv	Mzv
Serp	no data/no equivalent

注：仅地图单元符号；有关地图单元的说明，请参阅附录F-2。

af：人工填土；Qal-deep：第四纪厚沉积层；Qal-thin：第四纪薄沉积层；
Qb：第四纪海滩沉积物；Qha：全新世沉积层；Qal：第四纪沉积层；
Qhy：全新世晚期沉积层；Qhym：全新世晚期泥质沉积物；Qls：第四纪滑坡沉积物；
Qoa：早更新世沉积物；Qpa：更新世沉积物；Qs：第四纪沙滩和沙丘；
Qsl：第四纪山坡沉积物；Qt：更新世海积阶地沉积物

Kfs：白垩纪弗朗西斯科杂岩沉积岩；Ks：白垩纪中央谷地杂岩沉积岩；
KJf：早白垩纪和（或）晚侏罗纪弗朗西斯科杂岩沉积岩；
KJfs：早白垩纪和（或）晚侏罗纪弗朗西斯科杂岩沉积岩；
KJs：早白垩纪和（或）晚侏罗纪中央谷地科杂岩沉积岩；QTs：早更新世和（或）上新沉积物；
Tepas：始新世和（或）古新世沉积岩；Tes：始新世沉积岩；
TKfs：始新世、古新世和（或）晚白垩纪弗朗西斯科杂岩沉积岩；
TKs：古新世和（或）晚白垩纪沉积岩；TKss：古新世和（或）晚白垩纪沉积岩；
Tmoes：中新世、渐新世和（或）始新世沉积岩；Tmos：中新世和渐新世沉积岩；
Tms：中新世沉积岩；Toes：渐新世和（或）始新世沉积岩；Tos：渐新世沉积岩；
Tpas：古新世沉积岩；Tpms：古新世和早中新世沉积岩；Tps：古新世沉积岩；
Tsh：中新世默塞德沉积岩；Tss：中新世沉积岩；Tst：中新世沉积岩

Qv：更新世火山岩；QTv：早更新世和（或）上新世火山岩；
Tmov：中新世和（或）渐新世火山岩；Tmv：中新世火山岩；Tov：渐新世火山岩；

Tpmv：上新世和早中新世火山岩；Tpv：上新世火山岩；Tv：中新世火山岩；
fcv：始新世和（或）古新世弗朗西斯科杂岩火山岩；
Tkfv：古新世和（或）晚白垩纪弗朗西斯科杂岩火山岩；Kfv：白垩纪弗朗西斯科杂岩火山岩；
KJfv：早白垩纪和（或）晚侏罗纪弗朗西斯科杂岩火山岩；
KJfvc：早白垩纪和（或）侏罗纪弗朗西斯科杂岩火山岩和燧石；
KJfvs：早白垩纪和（或）侏罗纪弗朗西斯科杂岩火山岩和沉积岩；
KJv：早白垩纪和（或）侏罗纪弗朗西斯科或中央谷地杂岩火山岩；
Jfv：侏罗纪弗朗西斯科杂岩火山岩；Jv：侏罗纪中央谷地杂岩火山岩

Jhg：侏罗纪盐生杂岩火成岩；Ji：侏罗纪中央谷地杂岩火成岩；
Kgr：白垩纪盐生杂岩火成（花岗）岩

fcm：始新世和（或）古新世弗朗西斯科杂岩变质岩；
fsr：始新世、古新世和（或）晚白垩纪弗朗西斯科杂岩混杂岩；
Jsp：侏罗纪中央谷地杂岩蛇纹岩；Kfc：白垩纪和（或）侏罗纪变质岩；
Kfm：白垩纪弗朗西斯科杂岩变质岩；KJfc：早白垩纪和（或）晚侏罗纪弗朗西斯科杂岩燧石；
KJfm：早白垩纪和（或）晚侏罗纪弗朗西斯科杂岩变质岩；
MzPzm：中新世和（或）古生代盐生杂岩变质岩；Mzv：中新世变质岩；
Serp：侏罗纪朗西斯科杂岩蛇纹岩

表 F‑2　旧金山湾区的 66 个地质图单元在海沃德地震情景滑坡分析中采用的材料强度值，这些单元来自于未发布的加州地质调查局（CGS）通用地质汇编图（C. Gutierrez，CGS，2014，书面通信）

地质图单元符号	通用地质汇编图单元	phi' (°)	c' (lb/ft²)
第四纪沉积物			
af	人工填土	25	450
Qal-deep	第四纪厚沉积层	25	500
Qal-thin	第四纪薄沉积层	25	500
Qb	第四纪海滩沉积物	27	500
Qha	全新世沉积层	23	500
Qal	第四纪沉积层	25	250
Qhy	全新世晚期沉积层	25	550
Qhym	全新世晚期泥质沉积物	19	250
Qls	第四纪滑坡沉积物	13	650
Qoa	早更新世沉积物	36	300
Qpa	更新世沉积物	26	550
Qs	第四纪沙滩和沙丘	33	100

续表

地质图 单元符号	通用地质汇编图单元	phi' (°)	c' (lb/ft²)
Jsp	侏罗纪中央谷地杂岩蛇纹岩	29	750
Kfc	白垩纪和（或）侏罗纪变质岩	33	760
Kfm	白垩纪弗朗西斯科杂岩变质岩	28	700
KJfc	早白垩纪和（或）晚侏罗纪弗朗西斯科杂岩燧石	33	740
KJfm	早白垩纪和（或）晚侏罗纪弗朗西斯科杂岩变质岩	28	500
MzPzm	中新世和（或）古生代盐生杂岩变质岩	30	600
Mzv	中新世变质岩	30	600
Serp	侏罗纪朗西斯科杂岩蛇纹岩	26	550

注：蓝色强度值表示实验室数据不可用，根据年代、岩性和地质判断来指定强度值。通用地质汇编图（Graymer 等，2006 年）的基岩地质数据源没有像旧金山湾区的其他地质图那样区分大峡谷序列和大峡谷复杂岩石，我们采用了他们的术语，仅使用大峡谷复杂岩石。phi'：有效内摩擦角的平均值；c'：有效内聚力的平均值；lb/ft²：磅每平方英尺。

2. 坡度

坡度来自美国地质调查局（USGS，2009）的美国国家高程数据集（NED），网格大小为1/3 弧秒（约10m）。10 个县的研究区域的高程范围为−10～1372m。原始的 NED，是以地理坐标（经纬度）为基准，转化到 1983 北美基准面（NAD83）的通用横轴墨卡托。利用平均最大技术（也称为邻域坡度算法）根据投形的 DEM 绘制坡度图，其中计算每个单元与其八个相邻单元之间的距离上的最大变化率以确定最陡的下坡（Burrough 和 McDonnell，1998），绘制的坡度图如图 F-4 所示。

3. 地震动

本研究使用的海沃德地震情景主震地震动数据的栅格数据来自美国地质调查局的震动图（USGS，2014）。这些数据是 Aagaard 等（2010 年）为海沃德—罗杰斯溪断层系统开发的一系列地震情景中的模拟地震动之一。该模拟基于三维（3D）地震动模型，该模型体现了与地球物理和地震观测结果一致的震源参数的变化性以及蠕变如何影响海沃德断层同震滑动分布的不确定性。该模型还识别了地震动的重要特征，例如三维地质结构和断层破裂方向性的影响，并描述了地震动分布及其对震源变化的敏感性（Aagaard 等，2010）。这些最初只有 1 分（约 1.6km）分辨率的数据从世界大地测量 1984（WGS84）基准地理坐标转换为通用横轴墨卡托（NAD83），并重采样到 10m 分辨率已具有与其他栅格数据相同的分辨率。M_W7.05 海沃德地震情景的模拟地震动的最大峰值地面加速度（PGA）为 2.16g（g：重力加速度）（图 F-5），集中于海沃德断层北段。

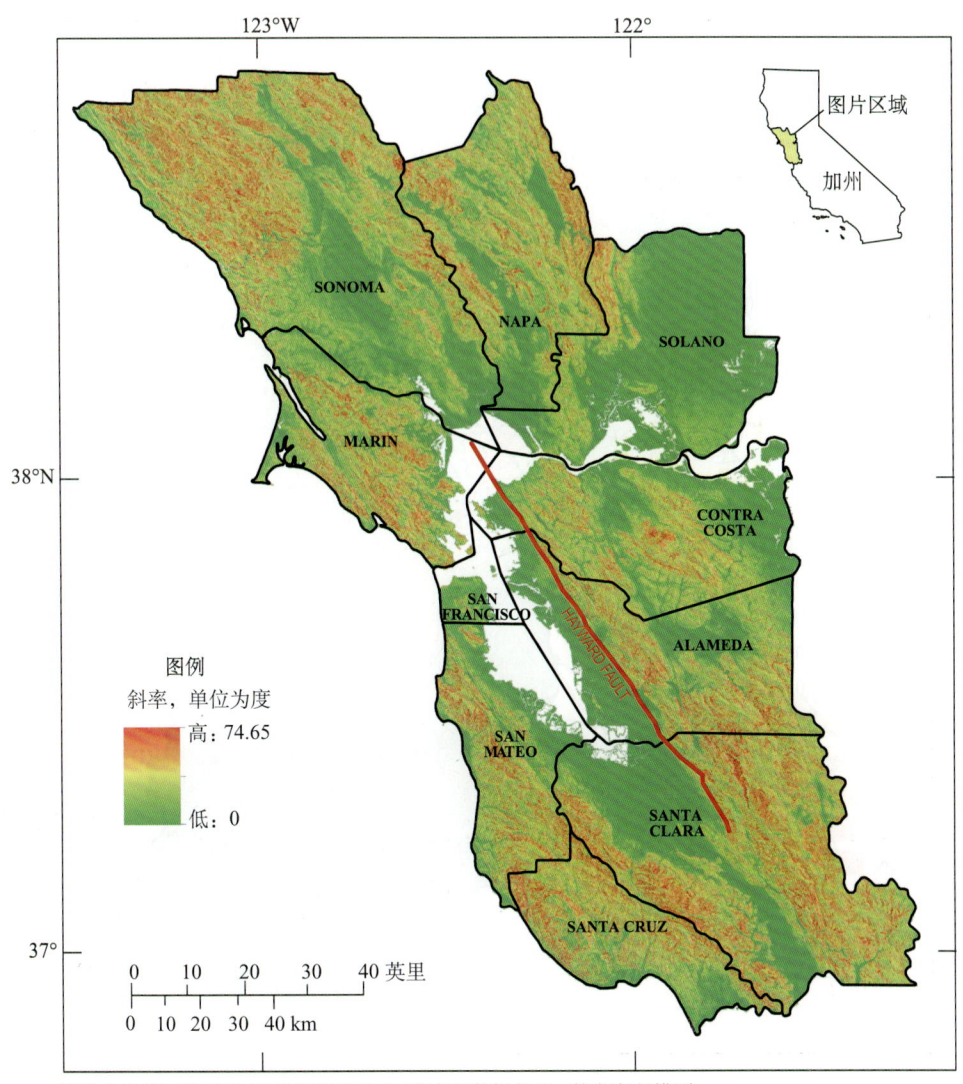

F 海沃德地震情景主震——地震诱发滑坡危险性

坡度来自美国地质调查局2009年美国国家高程数据集10m数字高程模型。
州界来自加州林业和消防局，2009年

图 F-4 海沃德地震情景中所研究的加州旧金山湾区10县的坡度图
ALAMEDA：阿拉米达；CONTRA COSTA：康特拉科斯塔；HAYWARD FAULT：海沃德断层；
MARIN：马林；NAPA：纳帕；SAN FRANCISCO：旧金山；SAN MATEO：圣马特奥；
SANTA CLARA：圣克拉拉；SANTA CRUZ：圣克鲁斯；SOLANO：索拉诺；SONOMA：索诺玛

译者注：原图经度"121°"，译者修正为"123°W"

将屈服加速度定义为：

$$a_y = (FS - 1)g\sin\alpha \tag{F-1}$$

式中，FS 是安全系数；g 是重力加速度；α 是滑坡体最初移动的水平角度。纽马克方程式的物理意义是，每当边坡下的地震动超过斜坡的 a_y 时，斜坡的上部（即"滑块"）就会脱离并向下滑动。在整个地震的持续时间内，滑块将累积所有超过 a_y 的地震动产生的位移。对于自然边坡，地震动引起的总位移与一个地区的整体危险性指数有关（Jibson 等，2000）。

我们假设滑坡破坏面相对较浅，可以近似为无限边坡模型其破坏面与地面平行。我们还假设地震动作用下土体不饱和。基于这些假设，FS 表示为：

$$FS = c'\gamma h \sin\alpha + \cot\alpha \tan\phi' \tag{F-2}$$

式中，c' 为有效内聚力；γ 是滑坡体材料的单位重量；h 是滑坡体厚度；α 为地面的坡度；ϕ' 为有效摩擦角。h 设为 50 英尺，综合利用地质材料图数据（ϕ'、c'、γ）和坡度图计算 FS 和 a_y。

5. 纽马克位移的计算

使用 Jibson（2007）开发的回归方程计算了代表地震诱发滑坡危险性的纽马克位移（Newmark，1965）。本研究选择的特定回归方程使用屈服加速度比（a_y/PGA）和震级（M）来估计纽马克位移（D_N）：

$$\lg D_N = -2.71 + \lg[(1 - a_y/PGA)^{2.335}(a_y/PGA)^{-1.478}] + 0.424M \tag{F-3}$$

尽管 Jibson（2007）开发了基于几个地震动参数的回归方程，但选择该项方程的主要原因是地震动输入参数 PGA 很容易从美国地质调查局的海沃德地震情景震动图中获得。

在地理信息系统（GIS）中，将整个研究区域划分为 10m 网格单元计算纽马克位移。地震动预计很高的马林县、康特拉科斯塔县、阿拉米达县、圣克拉拉县和圣克鲁斯县的高地地区预计会出现中等（15~30cm）到较大（>100cm）的位移（图 F-7）。但是，地震动预计非常低的索诺玛县和纳帕县的北部地区预计也会出现大位移。限制滑坡发生和相关破坏严重的区域是解决模型局限性的必要条件，主要是因为无法充分定义动力学强度。回顾最近三次加州地震诱发的滑坡发现，2003 年 $M_W 6.6$ 圣西蒙地震中，96% 的滑坡（不包括液化相关的特征）（路易斯奥比斯波县地质学家 L. Rosenberg，书面交流，2004）发生在震动图（http://earthquake.usgs.gov/earthquakes/shakemap/）上 PGV 大于 20cm/s 的区域。1994 年 $M_W 6.7$ 北岭地震中 91% 的滑坡（Harp 和 Jibson，1995，1996）发生在相同的 PGV 范围内。1989 年 $M_W 6.9$ 洛马—普里塔地震中 100% 的地震诱发滑坡（Keefer 和 Manson，1998）位于震动图中 PGV 大于 20cm/s 的区域，尽管地震动非常低的最北部的斯汀森海滩也有一些明显的滑坡。根据这些观测，我们认为 20cm/s 的 PGV 等值线是地震诱发滑坡造成严重破坏的合理的界限。

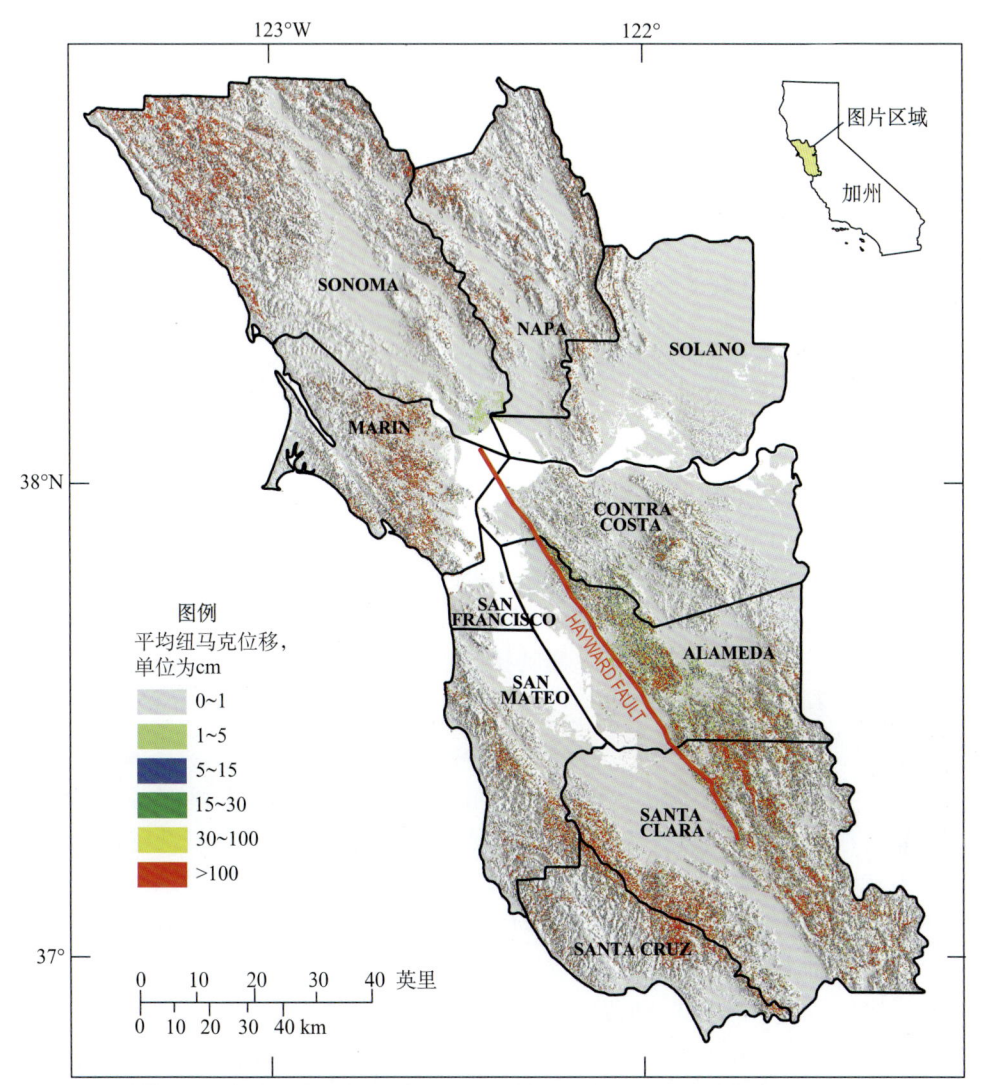

F 海沃德地震情景主震——地震诱发滑坡危险性

图 F-7 加州旧金山湾区地图，图中显示了以纽马克位移（Newmark，1965）表示的海沃德地震情景的滑坡危险性，纽马克位移是屈服加速度比和震级的函数

ALAMEDA：阿拉米达；CONTRA COSTA：康特拉科斯塔；MARIN：马林；NAPA：纳帕；SAN FRANCISCO：旧金山；SAN MATEO：圣马特奥；SANTA CLARA：圣克拉拉；SANTA CRUZ：圣克鲁斯；SOLANO：索拉诺；SONOMA：索诺玛

译者注：原图经度"121°"，译者修正为"123°W"

6. 边坡失效概率的计算

采用 Jibson 等（2000）的关系式（F-4）基于纽马克位移（D_N）计算边坡破坏概率（P_f）：

$$P_f = 0.335[1 - \exp(-0.048D_N^{1.565})] \qquad (F-4)$$

与 D_N 的计算一样，将整个研究区域划分为 10m 的网格，计算 P_f，然后裁剪到 20cm/s 的 PGV 等值线的范围。由式（F-4）给出的 P_f 表示给定 D_N 的预期边坡失效的区域的比例。应该了解到，关系式（F-4）是根据 1994 年北岭地震诱发滑坡的研究得出的，尚未证实在其他地区的有效性。但是，据我们所知，并没有其他可用的关系式。图 F-8 显示了研究区域的边坡失效概率分布图，将其分类以匹配与 D_N 相关的潜在危险性类别，裁剪到 20cm/s 的 PGV 等值线范围。

海沃德断层沿线最南端的索诺玛县以及康特拉科斯塔县和阿拉米达县的西部地区的边坡失效概率普遍为 2%~15%（相当于 1~5cm 的位移）。在断层以东康特拉科斯塔县和阿拉米达县的中部至东部地区的平缓丘陵上，这些位移的空间变化性也很明显。断层以东的康特拉科斯塔县、阿拉米达县和圣克拉拉县的中等陡峭山丘的 P_f 在 15%~32% 范围内（$D_N = 5$~15cm）。在索诺玛县、纳帕县、马林县、康特拉科斯塔县、阿拉米达县、圣马特奥县、圣克拉拉县和圣克鲁斯县的陡峭以及非常陡峭的斜坡上，P_f 大于 32%（$D_N > 15$cm）。

7. 危险性模型改进之处

本研究的目标之一是评估编制加州地震诱发滑坡概率分布图的可行性。在这项研究的基础上，我们认为在实现这一目标之前，有几个问题需要解决。代表性地质材料强度参数的选取是编制滑坡危险性图（包括本研究编制的滑坡危险性图）的不确定性的一个关键来源。使用实验室强度值的一个缺点是，提供了相对完整的材料内静力学强度的估计值。天然边坡的地震载荷可能会加载于风化材料的不连续部分和其他薄弱部分，而这些在典型岩土工程勘察中难以进行定位、采样和测试。更为复杂的是，难以解释的地质建造图的空间变异性——还没有足够的测试测量来有效地做到这一点。在这样的区域危险性评估中使用实验室强度数据有两个显著的影响。首先，为了最大程度地获得洛马—普里塔地震中边坡破坏所识别的危险性，模型中的滑坡厚度需要大于纽马克位移回归模型中最初采用的厚度。有一种看法是，由于静力学强度数据相对于实际动力学强度高得多，因此滑坡体必须更厚，驱动力更大。其次，由于模型中滑块较厚，震动强度预计相对较低的区域的失效概率较高，因此，采用一个 $PGV = 20$cm/s 的阈值来限制滑坡损失显著的区域。最近，Saade 等（2016）证明了用结合极限平衡分析和圆形滑动破坏的模型取代刚性滑块模型和无限边坡破坏的价值。他们进行了一项参数研究，确定 a_y、边坡角和抗剪强度之间的关系，结果表明北岭地震破坏地区的区域地震滑坡危险性评估有了显著改进。CGS 目前正在评估这种新方法，将其作为改进加州滑坡危险性区划图的一种手段，如果可行的话，则有助于开发加州地震滑坡可能性分布图。

还有一些地质野外观测方法可以提高我们解决模型局限性的能力。Ellen 和 Wentworth（1995）详细描述了旧金山湾区的地质材料特性，包括单元组成、层理和破裂特征、地形地

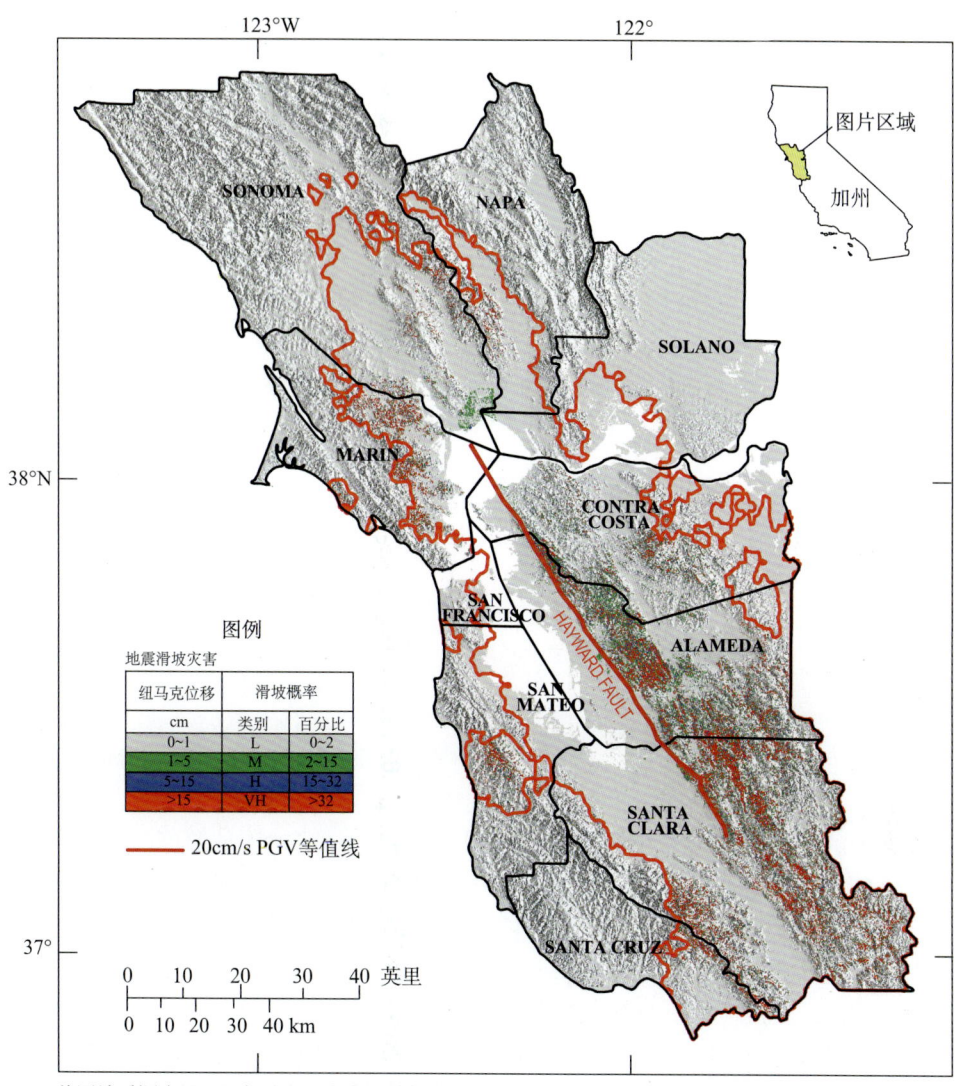

F 海沃德地震情景主震——地震诱发滑坡危险性

美国地质调查局2009年美国国家高程数据集10m数字高程模型,显示地表高程为阴影。
州界来自加州林业和消防局,2009年

图F-8 海沃德地震场景加州旧金山湾区的地震滑坡危险性图
图中显示了峰值地面速度(PGV)超过20cm/s的区域的纽马克位移(D_N;纽马克,1965)和作为纽马克位移函数的滑坡概率(P_f)。已匹配了位移和破坏概率的类别以方便展示
　　　　L:低水平;M:中等水平;H:高水平;VH:极高水平

ALAMEDA:阿拉米达;CONTRA COSTA:康特拉科斯塔;MARIN:马林;NAPA:纳帕;
SAN FRANCISCO:旧金山;SAN MATEO:圣马特奥;SANTA CLARA:圣克拉拉;
SANTA CRUZ:圣克鲁斯;SOLANO:索拉诺;SONOMA:索诺玛

貌、风化及其他与边坡地震稳定性有关的特性。此外，Hoek 和 Brown（1980；另见 Marinos 等（2005））开发的地质强度指数（GSI）已成功用于各种岩石类型和地形的工程项目，并被 Saade 等（2016）用于区域地震滑坡区划图。CGS 目前正在评估旧金山湾区的 GSI，以评估其在不存在实验室数据的地区指定强度值的适用性。这些观测技术的一个明显限制是到大量观测站收集观测数据所需的时间和成本。但是，可以采用现代数字地形数据以及 Ellen 和 Wentworth（1995）的"山坡材料单元"，并将这些参数与 GSI 建立联系，已实现自动化处理。另外，诸如 NASA 的新型高光谱热发射光谱仪（HyTES）等遥感技术可以提供地质材料强度特性的空间分布（http://hytes.jpl.nasa.gov/）。

  本研究中，现有的滑坡视为不同的地质单元，其强度特性近似于历史滑坡滑动面的残余强度。以这种方式来结合历史滑坡方面的局限性。首先，整个研究区域内滑坡详细目录并不统一，因此处理方式不一致。康特拉科斯塔县就是一个典型的例子，CGS 正在为编制地震危险性区划图准备详细的历史滑坡目录。由于这项工作仍在进行中，并且对于海沃德地震情景基本上不可用，与阿拉米达县相比，尽管它紧邻海沃德断层，该县的位移和失效概率相对较低（图 F-8）。有详细历史滑坡目录的马林县中部也可以看到这种影响，尽管模拟的地震动比康特拉科斯塔县西部低，但可以观察到范围更广的 D_N 较高的区域（图 F-7 和图 F-8）。

  第二个方面的局限性在于将所有历史滑坡处理为具有相同的强度参数和均匀的厚度。不同岩石材料形成的滑坡具有不同的强度，但在没有实验室测试或其他方法确定滑坡滑动面残余强度的情况下，有必要对模型进行简化。与其他地区一样，将一致的滑坡厚度用于历史滑坡作为一种简化可使模型运行起来。这种方法是不切实际的，特别是深层大滑坡，其自振周期可能与近场地震动的自振周期有很大不同，并且与纽马克方法完美模拟的浅层滑坡明显不同。CGS 在过去的 20 年中编制的所有滑坡详细清单，都包含了对滑坡厚度范围的观测判断。我们认为，这些信息与 Rathje 和 Antonakos（2011）开发的同时考虑刚性和柔性滑动特性的混合位移模型相结合，可能为解决与历史滑坡相关的危险性提供了一条途径。

  地震滑坡危险性图的另一个方面的限制是，概率地震危险性分析（PSHA）地图或震动图中并未考虑所有的地震载荷。理论研究和震后现场调查均观察到地形放大（例如，Boore，1972；Çelebi，1987；Geli 等，1988；Assimaki 等，2005）对悬崖和山脊顶部有显著影响。地形效应可与低速层（如山脊下的强风化岩石）引起的场地放大相结合（Bard 和 Tucker，1985；Assimaki 和 Jeong，2013）。在震动图中优先加入放大效应，可以消除地震滑坡危险性模型的一些不确定性。Maufroy 等（2015）提出了一种基于表面曲率估算地形放大的方法，很容易地利用数字高程模型计算。该模型需要在有破坏性地形影响记录的地区进行评估（Çelebi，1987；McCrink 等，2010；Hough 等，2010；Assimaki 和 Jeong，2013），以检验其有效性。

  除了对地震诱发滑坡进行建模之外，还有两个问题与我们的结果在损失模型中的应用有关。首先，滑坡模型估计了容易发生边坡破坏的位置，并没有指明滑坡流滑的任何类型，特别是对于可以流滑很远的浅层破坏滑坡。因此，各种基础设施要素的易损性和经济损失模型的使用可能难以识别滑坡破坏的重要部分。当前尚没有可靠估计滑坡流滑的方法，应该对制图和 GIS 技术进行评估。其次，本研究采用的滑坡模型绘制了 10m 网格的位移和滑坡概率分布图，而 Hazus 损失模型软件采用美国人口普查区作为最小绘图单元，将滑坡危险性数据汇总到更粗略的人口普查区需要大量的知识和判断，并在由此给出的损失估计中产生一些不确定性。

四、总结

本章采用区域地质汇编图、作为 CGS 地震危险性图项目的一部分收集的地质强度参数、为海沃德地震情景主震生成震动图的地震动参数、NED 数字地形数据计算旧金山湾区 10 县的地震诱发滑坡可能性（a_y）、危险性（D_N）以及失效概率（P_f）分布图（本章未提供）。在应用一些简化的假设后，采用纽马克（1965）公式（式（F-3））编制了 a_y 分布图。根据 Jibson（2007）开发的回归方程编制了 D_N 分布图（图 F-7），该方程以 a_y 作为输入之外，还将 PGA 和震级作为地震动输入。根据 Jibson 等（2000）开发的以一种算法，以 D_N 作为唯一的输入，确定 P_f。将 P_f 分布图（图 F-8）裁剪到 20cm/s 的 PGV 等值线的范围，试图限制海沃德地震情景中可能发生严重滑坡的区域。

五、致谢

感谢 CGS 的同事 Carlos Gutierrez、Dave Branum、Mike Silva、Teri McGuire、Rick Wilson、Mark Wiegers、Rui Chen 和 Badie Rowshandel 协助整理并解释了危险性数据。感谢美国地质调查局（USGS）提供了地震动模拟数据。Jamie Jones（USGS）为 Hope Seligson（Seligson 咨询公司）运营的 Hazus 准备了滑坡输入。Mike Silva、Chris Wills 和 Kate Allstadt 仔细审阅了本章内容。特别感谢 Dale Cox 和 Anne Wein（USGS）对海沃德项目的认真管理，感谢 Steve Hickman、Shane Detweiler、Andy Michael 和 Ken Hudnut（USGS）以及海沃德技术审查小组的其他成员，感谢他们对本章内容的全面评估。感谢 USGS 技术编辑 James Hendley 和 Claire Landowski 的认真工作，感谢美国地质调查局图形/布局专家 Cory Hurd 的工作。

参 考 文 献

Aagaard B T, Graves R W, Rodgers A, Brocher T M, Simpson R W, Dreger D, Petersson N A, Larsen S C, Ma S and Jachens R C, 2010, Ground-motion modeling of Hayward Fault scenario earthquakes, part Ⅱ—Simulation of long-period and broadband ground motions: Bulletin of the Seismological Society of America, v. 100, no. 6, p. 2945–2977.

Assimaki D, Gazetas G and Kausel E, 2005, Effects of local soil conditions on the topographic aggravation of seismic motion—Parametric investigation and recorded field evidence from the 1999 Athens earthquake: Bulletin of the Seismological Society of America, v. 95, p. 1059–1089.

Assimaki D and Jeong S, 2013, Ground-motion observations at Hotel Montana during the M7.0 2010 Haiti earthquake—Topography or soil amplification?: Bulletin of the Seismological Society of America, v. 103, no. 5, p. 2577–2590.

Bard P-Y and Tucker B E, 1985, Underground and ridge site effects—A comparison of observation and theory: Bulletin of the Seismological Society of America, v. 75, p. 905–922.

Boore D M, 1972, A note on the effect of simple topography on seismic SH waves: Bulletin of the Seismological Society of America, v. 62, p. 275–284.

附录 F-1　旧金山湾区地震危险性区划（SHZ）报告

Wilson R I, Wiegers M O and McCrink T P, 2000, Evaluation report for earthquake-induced landslide hazard in the City and County of San Francisco, California: California Geological Survey Seismic Hazard Zone Report 043, section 2, p. 19-37.

Wiegers M O, Aue K and McCrink T P, 2000, Evaluation report for earthquake-induced landslide hazard in the San Jose East 7.5-Minute Quadrangle, Santa Clara County, California: California Geological Survey Seismic Hazard Zone Report 044, section 2, p. 25-44.

Wiegers M O, Aue K and McCrink T P, 2001, Evaluation report for earthquake-induced landslide hazard in the Calaveras Reservoir 7.5-Minute Quadrangle, Santa Clara County, California: California Geological Survey Seismic Hazard Zone Report 048, section 2, p. 23-43.

Wiegers M O, Aue K and McCrink T P, 2001, Evaluation report for earthquake-induced landslide hazard in the Milpitas 7.5-Minute Quadrangle, Santa Clara and Alameda Counties, California: California Geological Survey Seismic Hazard Zone Report 051, section 2, p. 27-44.

Slater C F and Aue K, 2002, Evaluation report for earthquake-induced landslide hazard in the San Jose West 7.5-Minute Quadrangle, Santa. Clara County, California: California Geological Survey Seismic Hazard Zone Report 058, section 2, p. 25-40.

Slater C F, Wiegers M O and McCrink T P, 2002, Evaluation report for earthquake-induced landslide hazard in the Cupertino 7.5-Minute Quadrangle, Santa Clara County, California: California Geological Survey Seismic Hazard Zone Report 068, section 2, p. 23-42.

Wiegers M O and Clahan K B, 2002, Evaluation report for earthquake-induced landslide hazard in the Los Gatos 7.5-Minute Quadrangle, Santa Clara County, California: California Geological Survey Seismic Hazard Zone Report 069, section 2, p. 25-47.

McCrink T P and Wiegers M O, 2003, Evaluation report for earthquake-induced landslide hazard in the Richmond 7.5-Minute Quadrangle, Alameda County, California: California Geological Survey Seismic Hazard Zone Report 070, section 2, p. 23-45.

McCrink T P, Bott J D J, Wiegers M O, Wilson R I, McMillan J R and Haydon W D, 2003, Evaluation report for earthquake-induced landslide hazard in the San Leandro 7.5-Minute Quadrangle, Alameda County, California: California Geological Survey Seismic Hazard Zone Report 078, section 2, p. 25-44.

Wilson R I, Wiegers M O, McCrink T P, Haydon W D and McMillan J R, 2003, Evaluation report for earthquake-induced landslide hazard in the Oakland East 7.5-Minute Quadrangle, Alameda County, California: California Geological Survey Seismic Hazard Zone Report 080, section 2, p. 25-47.

McCrink T P, Wilson R I, Haydon W D, McMillan J R and Wiegers M O, 2003, Evaluation report for earthquake-induced landslide hazard in the Oakland West 7.5-Minute Quadrangle, Alameda County, California: California Geological Survey Seismic Hazard Zone Report 081, section 2, p. 25-44.

McCrink T P, Wiegers M O, Wilson R I, Haydon W D and McMillan J R, 2003, Evaluation report for earthquake-induced landslide hazard in the Briones Valley 7.5-Minute Quadrangle, Alameda County, California: California Geological Survey Seismic Hazard Zone Report 084, section 2, p. 5-22.

Wiegers M O and Bott J D J, 2003, Evaluation report for earthquake-induced landslide hazard in the Newark 7.5-Minute Quadrangle, Alameda County, California: California Geological Survey Seismic Hazard Zone Report 090, section 2, p. 25-43.

Wiegers M O, Rosinski A M and Bott J D J, 2003, Evaluation report for earthquake-induced landslide hazard in the Hayward 7.5-Minute Quadrangle, Alameda County, California: California Geological Survey Seismic Hazard Zone Report 091, section 2, p. 25-46.

Slater C F and Wiegers M O, 2003, Evaluation report for earthquake-induced landslide hazard in the Santa Teresa Hills 7.5-Minute Quadrangle, Santa Clara County, California: California Geological Survey Seismic Hazard Zone Report 097, section 2, p. 29-47.

Slater C F and Wiegers M O, 2004, Evaluation report for earthquake-induced landslide hazard in the Morgan Hill 7.5-Minute Quadrangle, Santa Clara County, California: California Geological Survey Seismic Hazard Zone Report 096, section 2, p. 29-48.

Wiegers M O, 2004, Evaluation report for earthquake-induced landslide hazard in the Niles Quad 7.5-Minute Quadrangle, Alameda County, California: California Geological Survey Seismic Hazard Zone Report 098, section 2, p. 29-50.

Wiegers M O and Bott J D J, 2005, Evaluation report for earthquake-induced landslide hazard in the Castle Rock Ridge 7.5-Minute Quadrangle, Santa Clara County, California: California Geological Survey Seismic Hazard Zone Report 108, section 2, p. 19-39.

Slater C F and Wiegers M O, 2006, Evaluation report for earthquake-induced landslide hazard in the Mountain View 7.5-Minute Quadrangle, San Mateo, Santa Clara and Alameda Counties, California: California Geological Survey Seismic Hazard Zone Report 060, section 2, p. 25-38.

Wilson R I, Thornburg J and Rosinski A M, 2006, Evaluation report for earthquake-induced landslide hazard in the Palo Alto 7.5-Minute Quadrangle, San Mateo and Santa Clara Counties, California: California Geological Survey Seismic Hazard Zone Report 111, section 2, p. 23-45.

Slater C F, Wiegers M O, Bott J D J and McCrink T P, 2006, Evaluation report for earthquake-induced landslide hazard in the Mt. Sizer 7.5-Minute Quadrangle, Santa Clara County, California: California Geological Survey Seismic Hazard Zone Report 118, section 2, p. 21-38.

Wilson R I and Rosinski A M, 2008, Evaluation report for earthquake-induced landslide hazard in the Mindego Hill 7.5-Minute Quadrangle, Santa Clara and San Mateo Counties, California: California Geological Survey Seismic Hazard Zone Report 109, section 2, p. 21-43.

Wiegers M O and Perez F G, 2008, Evaluation report for earthquake-induced landslide hazard in the Dublin 7.5-Minute Quadrangle, Alameda County, California: California Geological Survey Seismic Hazard Zone Report 112, section 2, p. 23-42.

Perez F G, 2008, Evaluation report for earthquake-induced landslide hazard in the Livermore 7.5-Minute Quadrangle, Alameda County, California: California Geological Survey Seismic Hazard Zone Report 114, section 2, p. 23-40.

Perez F G and Haydon W D, 2009, Evaluation report for earthquake-induced landslide hazard in the Altamont 7.5-Minute Quadrangle, Alameda County, California: California Geological Survey Seismic Hazard Zone Report 119, section 2, p. 23-43.

Silva M A, Haydon W D and McCrink T P, 2012, Evaluation report for earthquake-induced landslide hazard in the Lick Observatory 7.5-Minute Quadrangle, Santa Clara County, California: California Geological Survey Seismic Hazard Zone Report 110, section 2, p. 17-34.

附录F-2　美国加州地质调查局（California Geological Survey）编制的旧金山湾区地震危险性区划图（SHZ）的地质图单元名称/描述及其与通用地质编译图的关系

附录F-2仅在线提供.csv和.xlsx格式的文件，网址为https：//doi.org/10.3133/sir20175013v1。附录详细列出CGS编制的旧金山湾区地震危险性区划图上显示的240个地质图单元，涵盖了海沃德地震情景中10个县的研究区域中的29个7.5分四边形。附录给出了240个单元与CGS编制但尚未发布的旧金山湾区通用地质编译图的66个地质图单元之间的关系（C. Gutierrez，CGS，2014），这些地质图单元来源于Graymer等（2006）的基岩地质以及Knudsen等（2000）和Witter等（2006）的第四纪单元。附录还显示了哪些四边形地图单元包含强度数据，并提供了在海沃德地震情景的滑坡分析中使用的平均强度值。

G 海沃德地震情景余震序列

Anne M. Wein[1]　Karen R. Felzer[1]　Jamie L. Jones[1]　Keith A. Porter[2]

一、摘要

海沃德地震情景是假设于 2018 年 4 月 18 日 16 时 18 分在加州旧金山湾区东湾的海沃德断层上发生的矩震级（M_W）7.0 地震（主震）。地震很少单独发生，相反，地震通常在一个地区聚集发生，持续几天、几个月甚至几年。在海沃德地震情景中，主震之后在两年内发生一系列余震。余震序列包括主震断层破裂附近以及旧金山湾区南部和东北部发生的 175 次 M_W 不小于 4 的地震，最大的余震是发生于库比蒂诺的 M_W 6.4 地震。据估计，M_W 7.0 主震之后发生 M_W 不小于 6.4 的余震的可能性至少为 1/5。

科学家目前无法预测地震，但是大地震的发生增加了更多地震（余震）发生的可能性。余震预测提供了对置信区间内一段时间内发生一定震级范围地震的频率和概率的估计。例如，海沃德地震情景主震后的余震预测表述为"未来一周内，发生 5 级或更大地震的可能性为 99%，极有可能发生 1 到 9 次这样的地震。"为了说明这一点，在整个海沃德地震情景余震序列的各个时间点提供了余震预测，包括主震后 20 分钟、1 天、2 天、1 周和 40 天。

海沃德余震情景采用既有方法模拟和预测了余震序列，其目的是通过以下方法改进余震预测的信息传递：①向利益相关者通报余震序列的预测；②让潜在用户有时间提供余震预测的反馈，并考虑将其用于减灾、备灾、响应和恢复决策；③提供用于估计地震序列期间的累积破坏和灾害管理实施的工作实例。

二、引言

地震很少单独发生，相反，地震通常在时间和空间上聚集发生。通常，集群中最大的地震被称为主震，而随后发生的一系列较小地震称为余震。余震通常发生在主震附近，由主震后地壳中应力重分布引起。大多数余震发生在主震附近几十英里范围内，这相当于 1~2 倍的主震破裂长度，但如果主震非常大，余震可能发生在几千英里之外。余震可能持续数周、数月、数年甚至数十年，这取决于余震发生的地质背景。一般来说，主震越大，余震就越多，恢复到地震背景速率所需的时间就越长。（假设主震前几年内该地区没有发生其他大地震，地震背景速率是主震前发生地震的速率。）

在加州北部，充分研究了 1989 年洛马—普里塔 M_W 6.9 地震和 2014 年南纳帕 M_W 6.0 地震的余震序列。这两次余震序列中，洛马—普里塔主震几分钟后发生的 M_W 5.2 地震（Dietz

---

[1] 美国地质调查局。
[2] 科罗拉多大学博尔德分校。

和 Ellsworth，1990）和南纳帕主震 2 天后发生的 $M_W3.9$ 地震（Brocher 等，2015）分别是两次地震序列中最大的余震。1989 年洛马—普里塔余震区（北起洛斯加托斯，南至沃特森维尔）长达 25 英里，记录到数千次余震，包括 20 次 4 级或更大的余震。Meltzner 和 Wald（2003）分别对 1906 年 4 月 18 日旧金山 $M_W7.8$ 地震发生后 20 个月内的最大余震进行估计，认为其震级约为 6.7，并且于 1906 年 4 月 23 日，在尤里卡（Eureka）以西约 100km 处发生。他们推断，最大余震发生在 1906 年地震破裂的末端或完全远离破裂的地方，沿主震破裂很少发生大的余震。1906 年 $M_W7.8$ 旧金山主震后的这种余震模式被解释为应力阴影（可用于产生地震的地壳应力的减小）的结果（Simpson 和 Reasenberg，1994；Harris 和 Simpson，1998）。再往前追溯，据报道，1868 年海沃德断层 M_W7 地震后的一个月发生了强余震（Stover 和 Coffman，1993；Toppozada 和 Real，1981），而在这之前 1855~1866 年的地震活跃期，海沃德断层 60km 范围内发生了 12 次 5.5 级以上的地震，随后是持续 13 年的相对平静期（Toppozada 等，2002）。

科学家们目前无法预测任何地震的确切位置、震级或发生时间，预计在可预见的未来也无法预测。然而，他们可以利用统计关系估计在特定时间内发生特定震级地震的概率。美国地质调查局（USGS）在大地震发生后发布余震预测的报告（Reasenberg 和 Jones，1989）。由于预计余震频率随时间衰减，这些预测随时间推移而变化。大余震引发更多的余震后，预测也会改变。此外，由于余震数据使预报员能够根据特定地震序列和地质背景来改进并更好地调整预测，因此预测会随之更新。

余震位置难以预测，其震级可能大到足以造成或加剧破坏，并使应急响应和震后恢复复杂化。因此，应急管理人员、社区领导者和其他应对地震以及从地震中恢复的人可以从了解余震和地震预测中受益，从而更好地为地震预案提供信息。

例如，一项关于 2010~2012 年新西兰坎特伯雷地震序列余震预测的信息交流研究（Becker 等，2015；Wein 等，2016）揭示了以下潜在好处：

（1）当记录的地震频率介于科学预测的不确定性范围内时，向公众和保险公司提供保障。

（2）激励公众和社区领导人做好准备，进一步制定应急预案，与应急管理人员建立联系。

（3）为政府、保险公司和企业提供关于可能遭受余震影响的恢复和恢复决策时间的指导。

（4）关于制定更安全的建筑标准和土地使用政策的信息。

海沃德地震情景是假设的地震序列，可以更好地向潜在用户提供余震预测信息。海沃德地震情景主震是海沃德断层上发生的 $M_W7.0$ 地震，震源位于加州旧金山湾区的奥克兰（图 G-1；USGS（美国地质调查局），2014），并假定主震发生在 2018 年 4 月 18 日下午 4:18（太平洋夏令时，PDT）。Aagaard 等（2010a）和第 C 章给出了海沃德地震情景主震的模拟地震动。再次申明，科学家无法预测未来地震的确切位置、时间或震级，因此假设的地震情景这是出于教育的目的。

表 G-2 余震数量与主震震级关系的宇津定律（Utsu scaling）（Utsu，1971）数值说明

主震震级	第一周内 3 级及以上余震的预期数量*
5	6.7
6	67
7	670
8	6700

注：预期数量来自 Reasenberg 和 Jones（1989），使用 Michael（2012）的参数：$a=-1.85$，$b=1$，$p=1$，$c=0.05$ 天。

表 G-3 余震震级与主震震级关系的古腾堡-里克特定律（Gutenberg-Richter law）（Gutenberg 和 Richter，1944）数值说明

最小震级	第一周内观测数量①	第一周内预期数量②
3	310	340
4	42	34
5	6	3.4
6	0	0.34
7	0	0.034

注：①每天观测到的余震数量是 1994 年 6.7 级北岭地震的余震（震级 2 级及以上，30km 以内）（北加州地震数据中心，2014）。
②预期数量来自 Reasenberg 和 Jones（1989），使用 Michael（2012）的参数：$a=-1.85$，$b=1$，$p=1$，$c=0.05$ 天。

表 G-4 关于余震相对于主震位置的距离的费尔泽和布罗斯基假定（Felzer 和 Brodsky，2006）数值说明

距主震震中距离/km	余震观测数量	距离范围内的面积*/km²	每平方千米的余震数量
0~10	689	314	2.2
10~20	1649	942	1.7
20~30	340	1571	0.22
30~40	30	2199	0.014
40~50	15	2827	0.0053

注：每天观测到的余震数量是 1994 年 6.7 级北岭地震的余震（震级 2 级及以上，30km 以内）（北加州地震数据中心，2014）。

三、余震模拟

基于上文所述的统计关系模拟了海沃德地震情景的余震序列,对于任意一个给定的地震,余震序列可能以无限种方式发生。本章生成了可能发生于海沃德 $M_W7.0$ 主震后的 13 个假设的余震序列,每一个余震序列都代表地震情景主震后两年内的一个可能结果。选择两年期限是为了与联邦应急管理局(Federal Emergency Management Agency,FEMA)旧金山湾区灾难性地震计划(San Francisco Bay Area Catastrophic Earthquake Plan)的恢复期相匹配,该计划与海沃德地震情景同步开发。用于生成地震序列的方法与用于模拟南加州 ShakeOut 地震情景的一周的余震序列中的方法相同(Felzer,2008)。

本章用来生成余震序列(地震震级的时间序列)的统计模型被称为传染型余震序列(ETAS,epidemic-type aftershock sequence)模型(Ogata,1988)。用于 ShakeOut 和海沃德地震情景的 ETAS 模型版本也在空间上分布余震。因此,该模型使用余震震级、时间和位置分布的经验关系(如上所述)随机生成余震。该模型还模拟了次级余震,即其他余震引起的余震,这是在真实余震序列中发现的一个重要过程(Flezer 等,2003)。由于 ETAS 模型使用统计数据来确定地震位置,而不考虑现有的地质结构,因此专业意见被用来将地震移动到已知的附近断层上。尤其是震级大于 6 级的余震被重新定位到能够产生这种规模的地震的最近断层上。这种重新定位使得这些较大的地震远离他们自己的余震,因此统计关系(4)(见上文)可能就不适用于模拟次级余震序列。

图 G-2 展示了海沃德地震情景主震的 13 个统计余震序列模拟,特别包括了大于 5 级的余震。同预期一样,地震序列主要在海沃德断层附近产生余震(例如海沃德序列 5)。一些序列比其他序列更活跃,大于 4 级的余震数量在 149 次(海沃德序列 1)到 678 次(海沃德序列 5)之间,大于 5 级的余震数量在 11 次(海沃德序列 7)到 66 次(海沃德序列 5)之间。序列中最大余震震级在 5.8 级(海沃德序列 7)至 7.3 级(海沃德序列 9)之间。模拟余震序列的空间分布也是可变的;其中一些包括罗杰斯河断层北部更远的触发地震(例如,海沃德序列 11),其他序列包括海沃德断层东部(例如,海沃德序列 9 和 11)或旧金山湾区南端的触发地震(例如,海沃德序列 13)。

选取的海沃德地震情景余震序列(海沃德序列 13)产生了 175 次 4 级及以上的地震以及 6.4 级的最大余震。该序列具有多种特征,包括旧金山湾区南端的加州帕洛阿尔托、库比蒂诺和圣何塞附近的余震,以及对萨克拉门托-圣华金三角洲及其脆弱的防洪系统有影响的旧金山湾区东北部的重大余震。两次最大余震被重新定位到能够产生 6 级地震的最近的已知断层上。这个序列的一个缺点是海沃德断层沿线的余震与其他序列一样多,尽管位置的多样性说明了在整个地区做好余震准备的重要性,但不应忘记沿着主断层有更多地震活动的可能性。

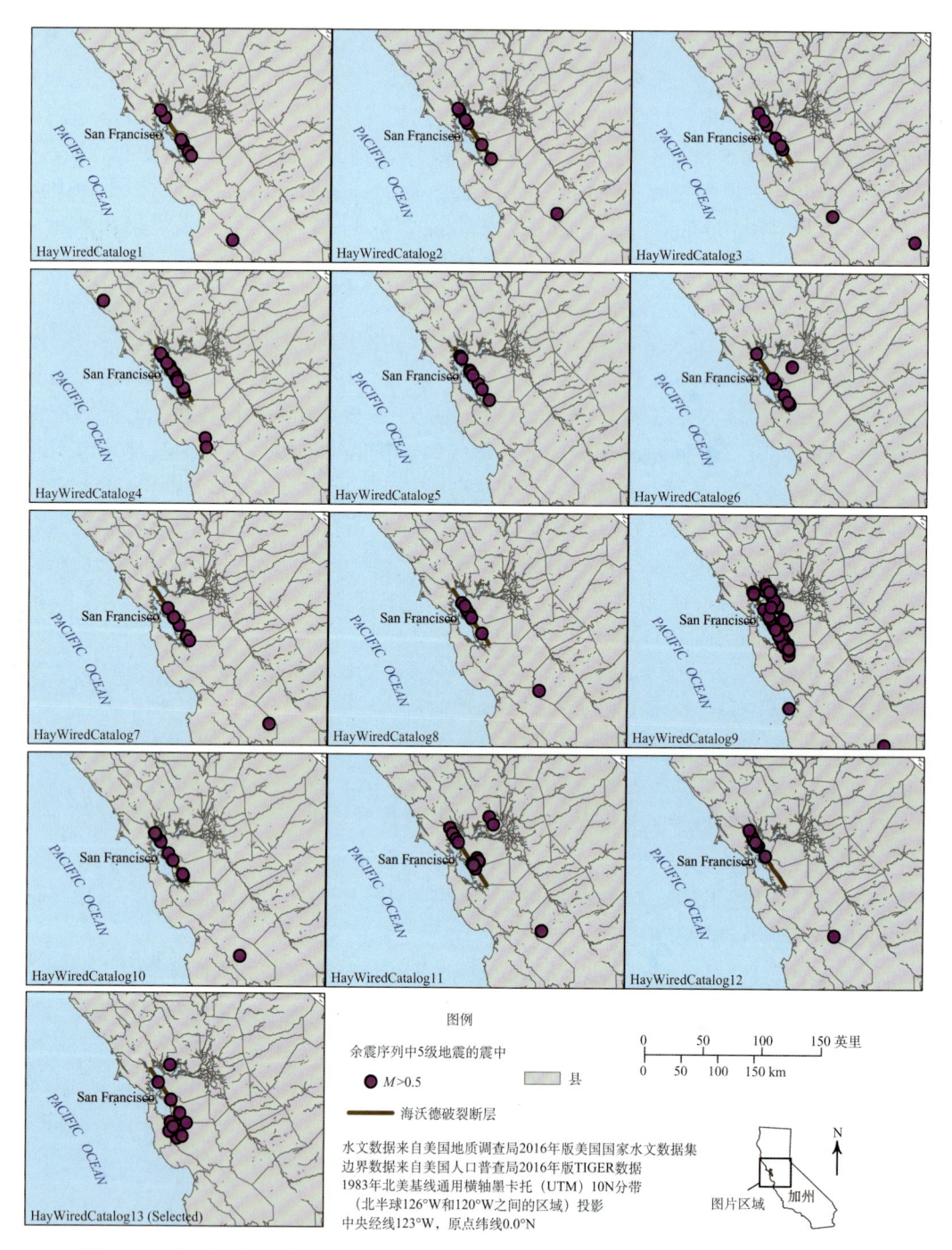

图 G-2 加州旧金山湾区地图，图中展示了利用传染型余震序列模型（ETAS）生成的海沃德地震情景的不同余震序列，5级及以上余震在图中以紫点标注

HayWired Catalog：海沃德序列；PACIFIC OCEAN：太平洋；San Francisco：旧金山

四、海沃德地震情景的余震序列

海沃德地震情景的余震序列是在时间和空间上聚集的一群地震。图 G-3 和图 G-4 展示了海沃德地震情景主震后两年内 2.5 级及以上余震的时间分布。地震发生率随时间衰减以及震级越大数量越少的统计关系在图 G-3 中清晰可见。图 G-4 还展示了由不同颜色的圆点所示的较大余震在这段时间内触发的自己的余震。

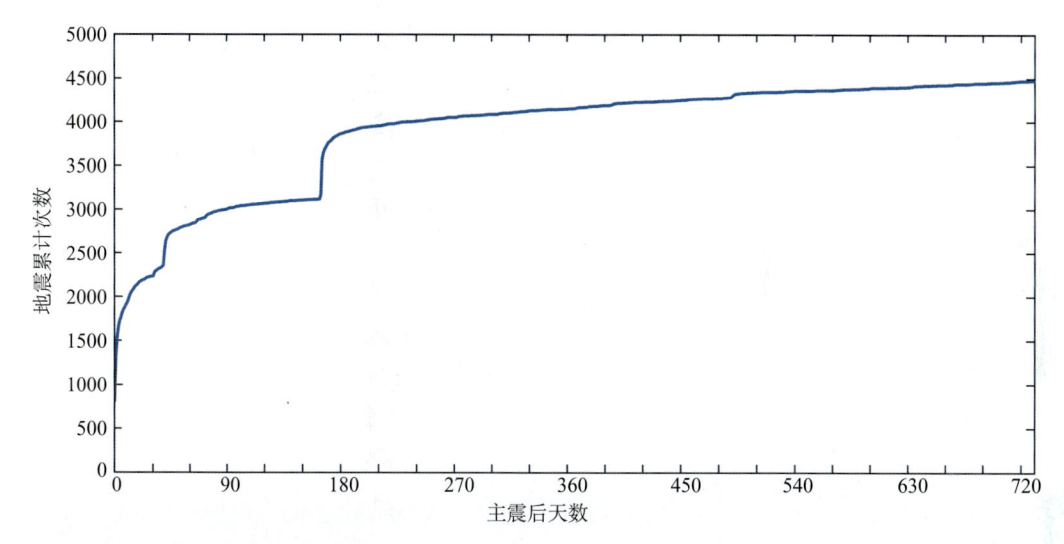

图 G-3　海沃德地震情景主震发生后两年内 2.5 级及以上余震次数随时间的累计分布

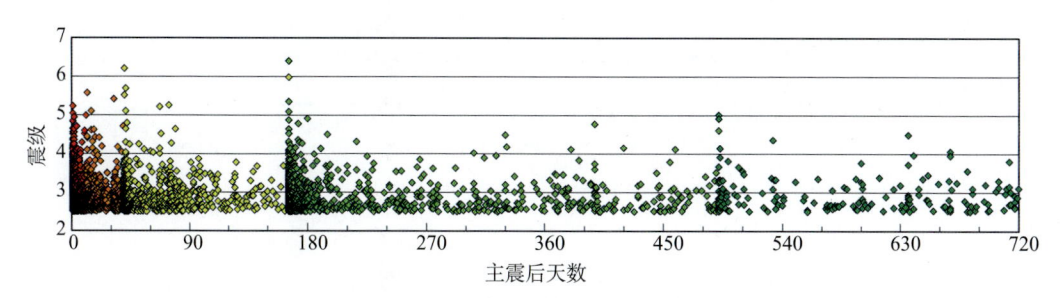

图 G-4　海沃德地震情景主震发生后两年内 2.5 级及以上余震随时间分布图
彩色（红、橙、黄和绿）点标记了在序列中较大余震触发更多余震的时间段
序列的彩色标记时间段见图 G-6

图 G-5 展示了海沃德余震序列中所有 $M \geq 2.5$ 余震的位置（位置数据可参阅文献 Jones 和 Felzer, 2017）。该序列是余震序列模拟的一种实现，专家认可其合理性。这里应注意瓦列霍的绿谷断裂带、帕洛阿尔托和森尼维尔之间的蒙特维斯塔—香农断裂带（Monte Vista-Shannon Fault Zone）以及海沃德断层沿线附近的地震活动密度。图 G-6 展示了海沃德地震情景的主余震序列，彩色标记的时间段与图 G-4 相同。

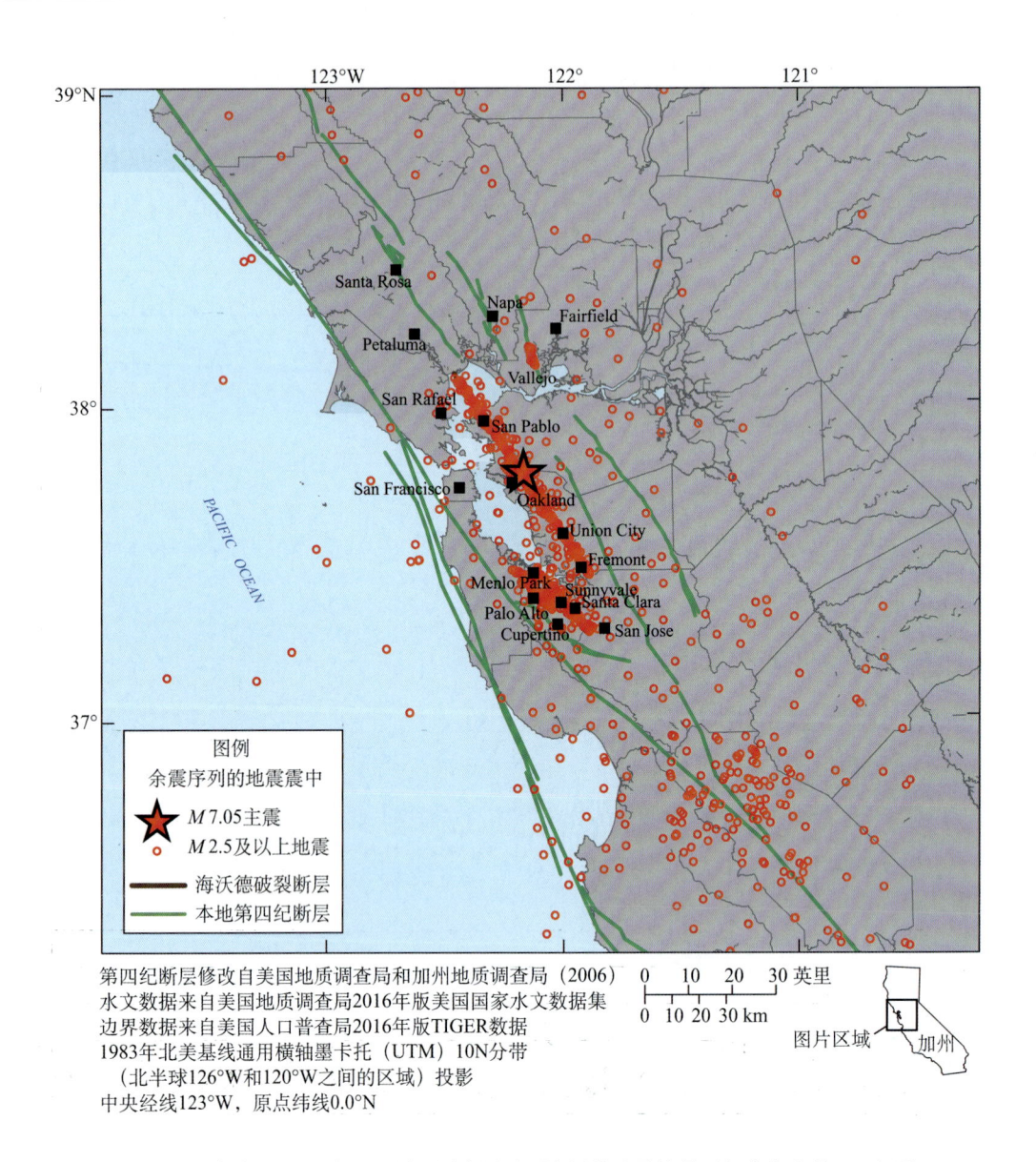

图 G-5 加州旧金山湾区地图，图中展示了海沃德地震情景两年内发生的 2.5 级及以上的海沃德地震情景余震

（注意图中海沃德断层大多被地震覆盖）

Cupertino：库比蒂诺；Fairfield：费尔菲尔德；Fremont：弗里蒙特；Menlo Park：门洛帕克；Napa：纳帕；Oakland：奥克兰；Palo Alto：帕洛阿尔托；Petaluma：佩塔卢马；San Francisco：旧金山；San Jose：圣何塞；San Pablo：圣巴勃罗；San Rafael：圣拉斐尔；Santa Clara：圣克拉拉；Santa Rosa：圣罗莎；Sunnyvale：森尼维尔；Union City：联合城；Vallejo：瓦列霍

G 海沃德地震情景余震序列 ·115·

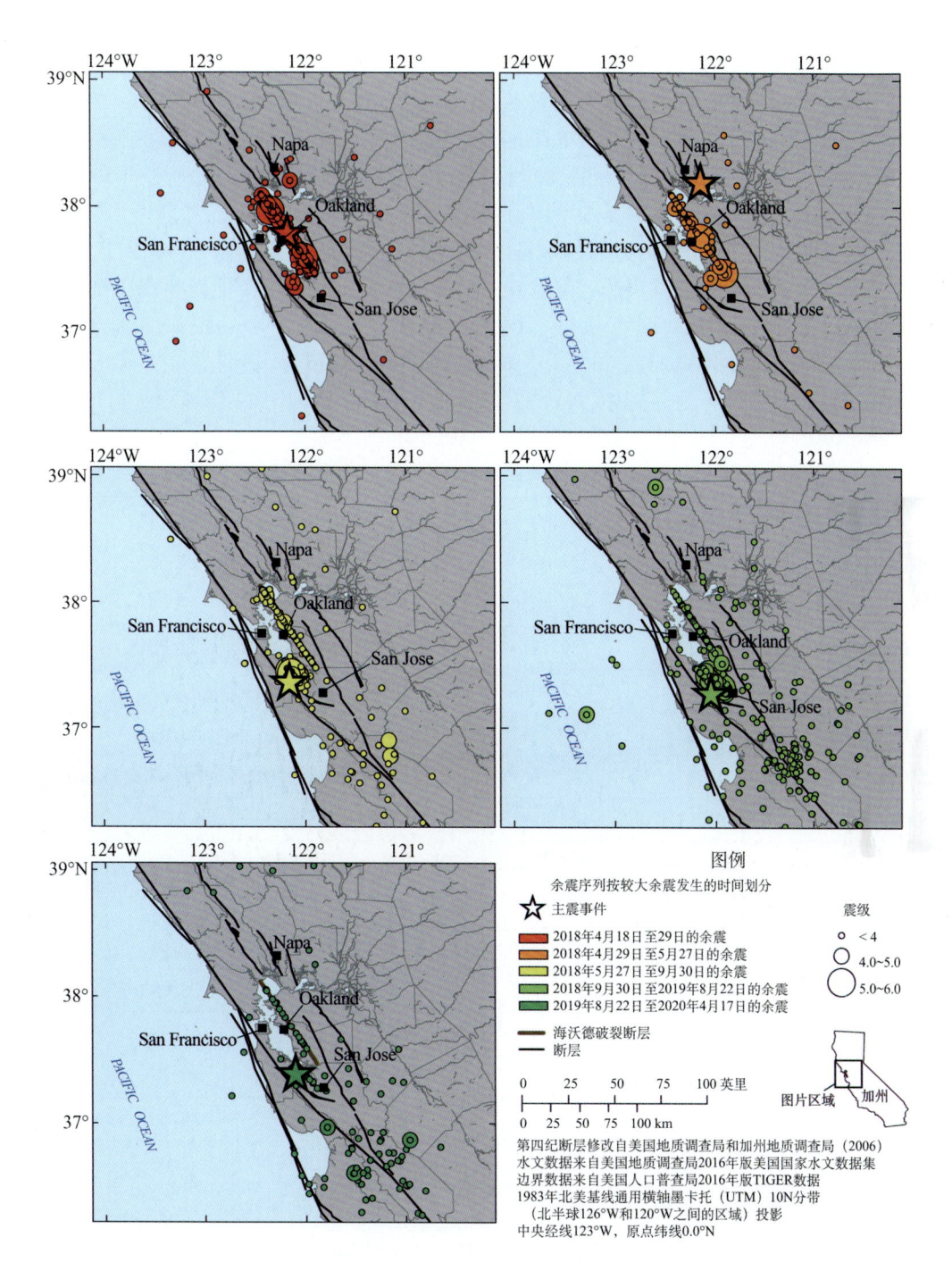

图 G-6 加州旧金山湾区地图，图中展示了重新触发余震序列的较大余震之间的时间段内的海沃德地震情景余震序列（图 G-4）

Napa：纳帕；Oakland：奥克兰；PACIFIC OCEAN：太平洋；San Francisco：旧金山；San Jose：圣何塞

图 G-7 展示了 5 级以上的较大余震。海沃德地震情景地震序列包括圣克拉拉县发生的两次 6 级余震以及海沃德断层附近、瓦列霍附近和圣克拉拉县发生的 14 次 5 级余震。（相对于 5 级地震，两次 6 级地震明显向西南移动到已知断层上，在实际地震序列中，5 级和 6 级的余震并不会在空间上分开，大多数 5 级地震聚集在已知断层上的 6 级地震周围。）14 次 5 级及以上余震的信息见表 G-5。余震深度在旧金山湾区观测或预期地震深度的 5%~95% 分位值范围内。例如，1989 年 M_W6.9 洛马—普里塔地震在 18km 深处聚集发生（Hill 等，1990），这是旧金山湾区记录的最深的地震之一。对于中等地震，表 G-5 中深度为 2.65km 的两次情景余震被认为是非常浅的，尽管在一些年轻断层上理论上可能发生浅成核地震。

5 级及以上余震的震动图可从以下网址链接获取：http://escweb.wr.usgs.gov/share/shake2/haywired/archive/scenario.html（美国地质调查局，2015）。它们与余震信息表中城市缩写和震级的表示方法一致。例如，Uc523 表示发生于联合城的 5.23 级地震。

表 G-5 海沃德地震情景中加州旧金山湾区发生的 5 级及以上余震的时间、位置、深度和震级

日期	天数	时间	北纬（°）	西经（°）	震中	深度/km	震级
2018.04.18	1	4：49 p.m.	37.6008	122.0172	联合城	2.65	5.23
2018.04.19	2	4：16 a.m.	37.9630	122.3473	圣巴勃罗	2.65	5.04
2018.04.29	12	11：13 p.m.	38.1916	122.1483	费尔菲尔德	11.05	5.58
2018.05.02	15	8：44 p.m.	37.4829	121.9146	弗里蒙特	7.15	5.10
2018.05.20	33	8：37 a.m.	37.7561	122.1508	奥克兰	8.45	5.42
2018.05.28	41	4：47 p.m.	37.3867	122.1780	帕洛阿尔托	18.97	6.21
2018.05.28	41	8：11 a.m.	37.4528	122.1671	门洛帕克	7.26	5.52
2018.05.28	41	6：22 p.m.	37.4604	122.1753	阿瑟顿	7.91	5.11
2018.05.28	41	11：53 p.m.	37.4099	122.1184	帕洛阿尔托	8.36	5.69
2018.06.23	67	8：27 a.m.	37.4391	122.1511	帕洛阿尔托	2.85	5.22
2018.07.01	75	11：19 a.m.	37.4435	122.1561	帕洛阿尔托	8.69	5.26
2018.09.30	166	8：16 p.m.	37.4386	122.0770	山景城	11.29	5.98
2018.10.01	167	12：33 a.m.	37.3068	122.0592	库比蒂诺	15.45	6.40
2018.10.01	167	2：24 a.m.	37.3835	122.0153	森尼韦尔	18.89	5.35
2018.10.01	167	6：10 a.m.	37.3334	121.9541	圣克拉拉	7.00	5.09
2019.08.22	492	10：45 p.m.	37.4145	122.1235	帕洛阿尔托	11.98	5.01

注：天数是相对于海沃德主震时间而言，2018 年 4 月 18 日记作第一天。所有余震位置都在加州。纬度以北纬度为单位；经度以西经度为单位。深度是余震震源位于地表以下的距离。PDT，太平洋夏令时（Pacific Daylight Time）。

G 海沃德地震情景余震序列

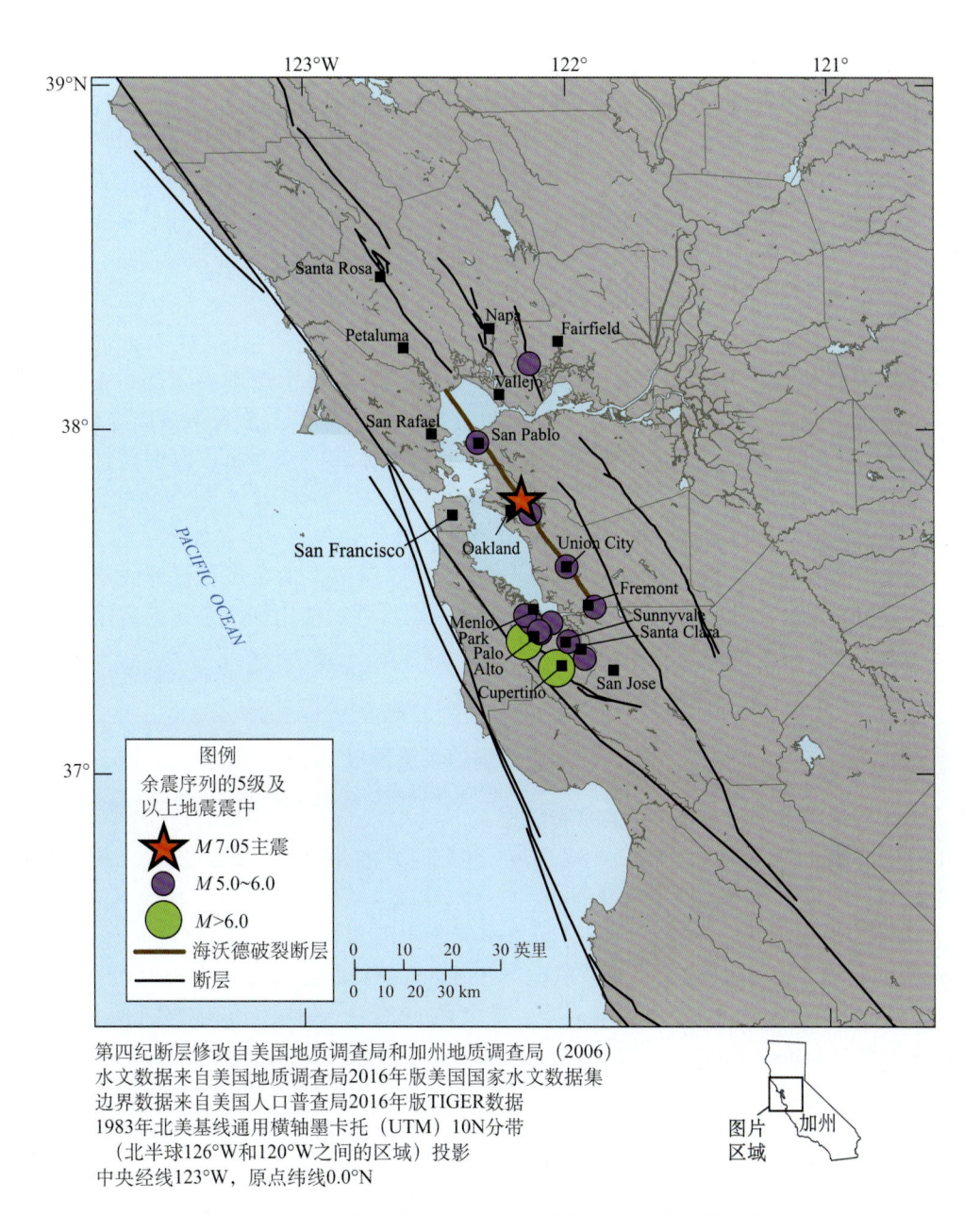

图 G-7 加州旧金山湾区地图，显示海沃德地震情景中 5 级及以上的余震

Cupertino：库比蒂诺；Fairfield：费尔菲尔德；Fremont：弗里蒙特；Menlo Park：门洛帕克；Napa：纳帕；
Oakland：奥克兰；PACIFIC OCEAN：太平洋；Palo Alto：帕洛阿尔托；Petaluma：佩塔卢马；
San Francisco：旧金山；San Jose：圣何塞；San Pablo：圣巴勃罗；San Rafael：圣拉斐尔；Santa Clara：圣克拉拉；
Santa Rosa：圣罗莎；Sunnyvale：森尼维尔；Union City：联合城；Vallejo：瓦列霍

五、地震情景余震预报

海沃德地震情景前40天的余震序列代表了加州余震的平均地震活动率；该序列与余震预测的预期数量密切相关。我们提供了海沃德地震情景主震发生后在不同时间窗的余震预测。在海沃德地震情景中，与时间密切相关的余震预测在主震发生不久后发布，并在随后几天和几周内更新。如果有更大的余震发生，提供这些余震预测的地震发生率将被重置。在海沃德地震情景中，当发生6级余震后，会发布另外一个即时预测已更新预测信息。

1. 地震情景余震预报1（主震后不久）

下面为一则余震预报公告的样本，是于2018年4月18日下午4点18分的海沃德地震情景主震发生后不久公开发布。该预报基于快速估计的情景主震震级7级（M_W确认为7.0），创建这个地震情景余震预报的信息见表G-6。（请注意，公告中采用了以下缩写：PDT，太平洋夏令时；%，百分比；由于这些信息面向媒体和公众，所以咨询信息中的距离以英里为单位，1英里=1.61km。）

将对奥克兰地震进行震级分析，表明最精确震级值为M_W7.0。主震发生后的24小时内，北加州地震台网将记录到32次4级以上的余震，2次5级以上的余震，没有大于6级的余震。这与最初的预报（表G-6）接近，因此科学家们将继续使用加州余震的通用平均发生率来预测该序列的余震预期数量。

海沃德地震情景的余震预报

美国地质调查局（USGS）的余震预报

（1）2018年4月18日下午4时18分（PDT），加州奥克兰附近发生7级地震。主震区将继续发生比平时更多的地震。

（2）为准备应对更多地震：请访问加州应急服务州长办公室的活动页面http://www.caloes.ca.gov/。访问国家地震联盟（Earthquake Country Alliance, ECA, http://www.earthquakecountry.org/sevensteps/）寻求防震减灾建议，访问美国疾控中心（Earthquake Country Alliance, CDC, https://emergency.cdc.gov/coping/index.asp）寻求灾难处置建议。

（3）未来一周内，可能会有437~508次足以被感知到的余震发生，有99%的可能性会发生一次或多次足以造成潜在破坏的余震。

预期概况

这种规模的地震导致该地区地震（称为余震）数量增加是正常的。余震数量随着时间推移而减少，但一次大的余震可能会暂时地增加地震的数量。

余震将主要发生在奥克兰7级地震影响的地区，距离奥克兰约35英里范围内，有些远在75英里之外。

当发生更多地震时，发生大地震的可能性更大，造成破坏的可能性也更大。美国地质调查局建议所有人注意余震发生的可能性，尤其是处于脆弱建筑（如未加固的砖石建筑）和滑坡地段。

没有人能预测任何地震（包括余震）的确切时间或地点。美国地质调查局可以预测在给定时间段内预计发生多少次地震或发生地震的可能性。

美国地质调查局通用余震预报

美国地质调查局估计了在直到2018年4月25日下午4∶18的未来一周内发生更多余震的可能性如下：

（1）发生足以感觉到的地震（3级或3级以上）的可能性大于99%，最有可能发生437~508次这样的地震。这一可能性是奥克兰7级地震发生前的1500倍。

（2）发生5级或更大地震的可能性为99%，最有可能发生1~9次这样的地震。

（3）发生6级或更大地震的可能性是2/5（39%），最有可能发生0~2次这样的地震。

（4）发生7级或更大地震的可能性是1/20（5%），这种地震是可能发生的，但可能性很低。

（5）发生破坏性地震的可能性是奥克兰7级地震发生前的1500倍。

未来一个月和一年内发生足以被感知到的或造成破坏的地震的可能性仍然很大。该表提供了其他时间段的预测。

美国地质调查局根据以往地震和本此地震序列记录的余震进行统计分析，计算给出了该地震预报。由于余震频率衰减、可触发更多地震的较大余震以及基于收集的地震数据的预测模型的变化，预报随时间推移而变化。

公告发布时间：2018年4月18日下午4∶18

公告将于2018年4月19日下午4∶18或更早之前更新

注意此为假设地震情景的余震预报！
并非真实发生的地震或余震预报！

表G-6　海沃德地震情景主震（矩震级7，2018年4月18日下午4∶18）
后对未来一天、一周、一个月和一年的余震预测

预测时间段	余震预期数量		余震发生概率		相对于主震前的地震活动率增加
	$M \geq 4$	$M \geq 5$	$M \geq 6$	$M \geq 7$	
未来24小时	33（24~43）	3（1~6）	30%	3%	10000
未来一周	50（39~62）	5（1~9）	39%	5%	1500
未来一个月	57（45~70）	5（2~10）	43%	6%	430
未来一年	71（57~85）	7（3~13）	47%	6%	45

注：余震数量为均值或预期值，括号中的数字是与不超过5%和95%概率相关的下限值和上限值。余震发生概率是在预测时间段内至少发生一次给定震级余震的概率。

表 G‑8　海沃德地震情景主震（矩震级 7，2018 年 4 月 18 日下午 4∶18）
48 小时后对未来一周、一个月和一年的余震预测

预测时间段	余震预期数量 $M\geq4$	余震预期数量 $M\geq5$	余震发生概率 $M\geq6$	余震发生概率 $M\geq7$	相对于主震前的地震活动率增加
未来一周	12（8~29）	1（1~4）	10%	1%	600
未来一个月	18（11~42）	2（0~6）	16%	1.6%	200
未来一年	42（35~120）	4~5（3~13）	30%	3%	40

注：余震数量为均值或预期值，括号中的数字是与不超过 5% 和 95% 概率相关的下限值和上限值。余震发生概率是在预测时间段内至少发生一次给定震级余震的概率。

海沃德地震情景的余震预报（48 小时更新）

美国地质调查局（USGS）的余震预报

（1）2018 年 4 月 18 日下午 4 时 18 分（PDT），加州奥克兰附近发生 7 级地震。主震区将继续发生比平时更多的地震。

（2）为准备应对更多地震：请访问加州应急服务州长办公室的活动页面 http://www.caloes.ca.gov/。访问国家地震联盟（Earthquake Country Alliance，ECA，http://www.earthquakecountry.org/sevensteps/）寻求防震减灾建议，访问美国疾控中心（Earthquake Country Alliance，CDC，https://emergency.cdc.gov/coping/index.asp）寻求灾难处置建议。

（3）未来下一周内，可能会有 80~290 次足以被感知到的余震发生，有 64% 的可能性会发生一次或多次足以造成潜在破坏的余震。

预期内容

7 级地震导致该地区地震（称为余震）数量增加是正常的。余震数量随着时间推移而减少，但一次大的余震可能会暂时地增加地震的数量。

余震将主要发生在奥克兰 7 级地震影响的地区，距离奥克兰约 35 英里范围内，有些远在 75 英里之外。

当发生更多地震时，发生大地震的可能性更大，造成破坏的可能性也更大。美国地质调查局建议所有人注意余震发生的可能性，尤其是处于脆弱建筑（如未加固的砖石建筑）和滑坡地段。

没有人能预测任何地震（包括余震）的确切时间或地点。美国地质调查局可以预测在给定时间段内预计发生多少次地震或发生地震的可能性。

美国地质调查局通用余震预报

美国地质调查局估计了在直到 2018 年 4 月 27 日下午 4∶18 的未来一周内发生更多余震的可能性如下：

(1) 发生足以感觉到的地震（3级或3级以上）的可能性大于99%，最有可能发生80~290次这样的地震。这一可能性是奥克兰7级地震发生前的600倍。

(2) 发生5级或更大地震的可能性为64%，最有可能发生1~3次这样的地震。

(3) 发生6级或更大上地震的可能性是1/10（10%）。

(4) 发生7级或更大地震的可能性是1/100（1%），这种地震是可能发生的，但可能性很低。

(5) 发生破坏性地震的可能性是奥克兰7级地震发生前的600倍。

未来一个月或一年内发生足以被感知到的或造成破坏的地震的可能性仍然很大。该表提供了其他时间段的预测。

美国地质调查局根据以往地震和本此地震序列记录的余震进行统计分析，计算给出了该地震预报。由于余震频率衰减、可触发更多地震的较大余震以及基于收集的地震数据的预测模型的变化，预报随时间推移而变化。

公告发布时间：2018年4月20日下午4:18

公告将于2018年4月25日下午4:18或更早之前更新

注意此为假设地震情景的余震预测！
并非真实发生的地震或余震预测！

4. 地震情景余震预报4（主震后7天）

奥克兰地震后一周内，记录到47次4级或更大的余震，没有记录到5级以上余震。这与最初发布的预报公告（表G-6）是一致的。

下面为一则余震预报公告的样本，是在海沃德地震情景主震发生一周后，即2018年4月25日下午4:20左右公开发布，创建这个地震情景余震预报的信息见表G-9。

表G-9 海沃德地震情景主震（矩震级7，2018年4月18日下午4:18）
7天后对未来一周、一个月和一年的余震预测

预测时间段	余震预期数量		余震发生概率		相对于主震前的地震活动率增加
	$M \geq 4$	$M \geq 5$	$M \geq 6$	$M \geq 7$	
未来一周	4（0~15）	0（0~3）	4%	0.4%	210
未来一个月	10（8~18）	1（1~3）	10%	1%	120
未来一年	31（26~127）	3（2~13）	20%	2%	30

注：余震数量为均值或预期值，括号中的数字是与不超过5%和95%概率相关的下限值和上限值。余震发生概率是在预测时间段内至少发生一次给定震级余震的概率。

海沃德地震情景的余震预报（7天更新）

美国地质调查局（USGS）的余震预报

（1）2018年4月18日下午4时18分（PDT），加州奥克兰附近发生7级地震。主震区预计将继续发生比平时更多的地震。

（2）为准备应对更多地震：请访问加州应急服务州长办公室的活动页面 http://www.caloes.ca.gov/。访问国家地震联盟（Earthquake Country Alliance，ECA，http://www.earthquakecountry.org/sevensteps/）寻求防震减灾建议，访问美国疾控中心（Earthquake Country Alliance，CDC，https://emergency.cdc.gov/coping/index.asp）寻求灾难处置建议。

（3）未来一周内，可能会有150次足以被感知到的余震发生，有40%的可能性会发生一次或多次足以造成潜在破坏的余震。

预期内容

7级地震导致该地区地震（称为余震）数量增加是正常的。余震数量随着时间推移而减少，但一次大的余震可能会暂时地增加地震的数量。

余震将主要发生在奥克兰7级地震影响的地区，距离奥克兰约35英里范围内，有些远在75英里之外。

当发生更多地震时，发生大地震的可能性更大，造成破坏的可能性也更大。美国地质调查局建议所有人注意余震发生的可能性，尤其是处于脆弱建筑（如未加固的砖石建筑）和滑坡地段。

没有人能预测任何地震（包括余震）的确切时间或地点。美国地质调查局可以预测在给定时间段内预计发生多少次地震或发生地震的可能性。

美国地质调查局通用余震预报

美国地质调查局估计了在直到2018年4月27日下午4:18的未来一周内发生更多余震的可能性如下：

（1）发生足以感觉到的地震（3级或3级以上）的可能性大于99%，最有可能发生80～290次这样的地震。这一可能性是奥克兰7级地震发生前的600倍。

（2）发生5级或更大地震的可能性为64%，最有可能发生1～3次这样的地震。

（3）发生6级或更大地震的可能性是1/10（10%）。

（4）发生7级或更大地震的可能性是1/100（1%），这种地震是可能发生的，但可能性很低。

（5）发生破坏性地震的可能性是奥克兰7级地震发生前的600倍。

未来一个月或一年发生足以被感知到的或造成破坏的地震的可能性仍然很大。该表提供了其他时间段的预测。

美国地质调查局根据以往地震和本此地震序列记录的余震进行统计分析，计算给出了该地震预报。由于余震频率衰减、可触发更多地震的较大余震的发生以及基于收集的地震数据的预测模型的变化，预报随时间推移而变化。

公告发布时间：2018年4月25日下午4∶18
公告将于2018年5月2日下午4∶18或更早之前更新

**注意此为假设地震情景的余震预测！
并非真实发生的地震或余震预测！**

5. 地震情景余震预报5（主震后40天）

海沃德地震情景主震发生40天后，未来一周内发生4级以上余震数量为0到2次，未来一周内的地震活动性是没发生主震时的30倍。未来一周发生6级或更大地震的可能性为0.8%（1/125）。在该地震情景中，帕洛阿尔托发生了一次6.2级地震，并触发了更多余震。下面为6.2级余震发生后，一则特别的余震预报公告的样本，相关信息汇总在表G-10。

如前文所述，海沃德地震情景余震序列继续发生。在库比蒂诺发生6.4级的最大余震后，余震预报将被更新，并立即发布预报。海沃德地震情景地震序列不包括模拟序列中最大的或最多的地震。还有更多可能的地震序列，但是我们可以估计余震序列发生6.4级最大余震的可能性。

表G-10 海沃德地震情景主震（矩震级7，2018年4月18日下午4∶18）
40天后对未来一天、一周、一个月和一年的余震预测

预测时间段	余震预期数量 $M \geq 4$	余震预期数量 $M \geq 5$	余震发生概率 $M \geq 6$	余震发生概率 $M \geq 7$	相对于主震前的地震活动率增加
未来24小时	6（4~9）	0~1（0~2）	6%	0.06%	1350
未来一周	8（7~18）	1（0~2）	9%	0.9%	265
未来一个月	10（8~30）	1（0~4）	10%	1%	70
未来一年	19（17~40）	2（1~5）	10%	1%	12.5

注：余震数量为均值或预期值，括号中的数字是与不超过5%和95%概率相关的下限值和上限值。余震发生概率是在预测时间段内至少发生一次给定震级余震的概率。

海沃德地震情景——6.2级余震情景下的特别余震预报公告

美国地质调查局（USGS）的余震预报

（1）2018年5月28日下午4时57分（PDT），加州帕洛阿尔托附近发生6.2级地震。该地震为2018年4月18日下午4时18分（PDT）奥克兰7级地震后的一次大余震。主震区和帕洛阿尔托地区将继续发生比平时更多的地震。

（2）为准备应对更多地震：请访问加州应急服务州长办公室的活动页面 http://www.caloes.ca.gov/。访问国家地震联盟（Earthquake Country Alliance，ECA，http://www.earthquake country.org/sevensteps/）寻求防震减灾建议，访问美国疾控中心（Earthquake Country Alliance，CDC，https://emergency.cdc.gov/coping/index.asp）寻求灾难处置建议。

（3）未来一周内，可能会有60~98次足以被感知的余震发生，有3/5（56%）的可能性会发生一次或多次足以造成潜在破坏的余震。

预期内容

7级地震导致该地区地震（称为余震）数量增加是正常的。余震数量随着时间推移而减少，但一次大的余震可能会暂时地增加地震的数量。

余震将主要发生在帕洛阿尔托6.2级地震影响的地区，距离帕洛阿尔托约255英里范围内。还包括奥克兰7级地震影响的地区，距离奥克兰约35英里范围内，有些远在75英里之外。

当发生更多地震时，发生大地震的可能性更大，造成破坏的可能性也更大。美国地质调查局建议所有人注意余震发生的可能性，尤其是处于脆弱建筑（如未加固的砖石建筑）和滑坡地段。

没有人能预测任何地震（包括余震）的确切时间或地点。美国地质调查局可以预测在给定时间段内预计发生多少次地震或发生地震的可能性。

美国地质调查局通用余震预报

美国地质调查局估计了直到2018年6月4日下午4：57的未来一周内发生更多余震的可能性如下：

（1）发生足以感觉到的地震（3级或3级以上）的可能性大于99%，最有可能发生68~98次这样的地震。这一可能性是奥克兰7级地震发生前的265倍。

（2）发生5级或更大地震的可能性为3/5（64%），很可能发生0~3次这样的地震。

（3）发生6级或更大地震的可能性是9/100（9%）。

（4）发生7级或更大地震的可能性是9/1000（1%），这种地震是可能发生的，但可能性很低。

（5）发生破坏性地震的可能性是奥克兰7级地震发生前的265倍。

未来一个月或一年内发生足以被感知到的或造成破坏的地震的可能性仍然很大。该表提供了其他时间段的预测。

美国地质调查局根据以往地震和本此地震序列记录的余震进行统计分析,计算给出了该地震预报。由于余震频率衰减、可触发更多地震的较大余震的发生以及基于收集的地震数据的预测模型的变化,预报随时间推移而变化。

公告发布时间:2018 年 5 月 28 日下午 4:57
公告将于 2018 年 6 月 4 日下午 4:57 或更早之前更新

注意此为假设地震情景的余震预测!
并非真实发生的地震或余震预测!

六、最大余震发生概率

根据 Lombardi(2002)对主震震级($M=7.0$)和最大余震震级($M_1=6.4$)的差值($D_1=M-M_1$)的统计研究,可以估计 7 级主震的余震序列发生 6.4 级或更大的最大余震的可能性。Lombardi 的报告表明,D_1 并不服从指数型分布,而在一个数据集中被观察到服从正态分布。Lombardi 运用概率理论指出,D_1 的期望值如何在 0.5 到 1.2 之间,以及 D_1 如何仅在似乎不适用于海沃德地震序列的条件下在理论上接近指数型分布。Lombardi 研究了由南加州地震中心(SCEC)编制的 1990 年至 2001 年间的地震群的地震目录。对于主震震级大于等于 4.0 并包括至少 2.0 级余震的数据子集,Lombardi 发现 D_1 的期望值 m 为 1.2,标准差 s 为 0.65,期望值与 Richter(1958)之前从 Båth(1965)的研究中指出的那样。这里,$D_1=7.0-6.4=0.6$,处于 m 加减一倍标准差范围内(0.6 位于 1.2±0.65 之间,即 0.55~1.85 的范围)。如果我们假设,如 Båth 建议的那样 $m=1.2$,如 SCEC 的震级不小于 4.0 级的数据子集那样 $s=0.65$,D_1 服从正态分布,我们可以估计在选定的海沃德余震模拟中最大余震至少为 6.4 级(也就是说 D_1 最大为 0.65)的可能性(见式(G-1)):

$$P_{\text{normal}} = \Phi\left(\frac{D_1 - \mu}{\sigma}\right) = \Phi\left(\frac{0.6 - 1.2}{0.65}\right) = 0.18 \qquad (G-1)$$

式(G-1)中,Φ 表示标准正态累积分布函数,通过计算得到概率 P_{normal} 为 18%,也就是说,可以估计约有 1/5 的 7.0 级地震会引起比假定的最大余震更大的余震。相反,若假设 D_1 服从指数型分布且期望值为 1.2,如式(G-2)所示,可以估计非超越概率 P_{exp}:

$$P_{\text{exp}} = 1 - \exp\left(\frac{-D_1}{\mu}\right) = 1 - \exp\left(\frac{-0.6}{1.2}\right) = 0.39 \qquad (G-2)$$

式（G-2）计算得到概率 $P_{exp}=0.39$，也就是说，2/5 的 7 级地震会引起比假定的最大余震更大的余震。无论哪种情况，海沃德地震情景的余震序列似乎都不是一个极端例子或最坏的情况。

七、余震序列模拟和预测的局限性

余震序列的模拟和预测基于地震序列时空统计，结果受模拟参数（例如平均余震发生率）的影响。之前的地震序列以及加州 5.5 级或更大地震的余震次数的比较表明，北加州的平均余震发生率可能低于南加州，尽管两个地区余震发生率的变化范围都很大。对于位置相近的主震，余震发生率甚至会有显著的差异，需要更多的科学调查来解释这种巨大的变化性。进一步的研究和建模可以提高我们在大地震发生后立即做出更准确预测的能力以及在地震序列早期数据不可靠时做出预测的能力。

需要更复杂的余震模型将余震预测与传统的基于断层和应力更新的地震危险性模型结合起来。第三版加州统一地震破裂预测（UCERF3（ETAS））的传染型余震序列模型正在开发这一功能（Field 等，2013）。例如，工作组正试图把点源 ETAS 模型（Ogata，1988）合并到基于有限断层的框架中来包括时空地震聚集。最终目标是将 UCERF3 作为地震预报的一部分进行部署，尽管这样做需要在实时网络互操作性方面做额外的工作。

此处提供的预测传达了地震预测中可用的信息类型，但上面使用的通信产品仍在开发中。具体而言，余震预测的通信面向多个目标受众：①社会和行为科学的通信指南，②实施余震预报通信的研究，③信息测试。

八、结论

虽然无法预测地震的位置、震级和时间，但科学家可以在时间窗口的置信区间内预测余震震级的频率和发生概率。统计关系可用于模拟时间和空间上的地震序列，作为描述地震风险升高水平的一种方法。新西兰和意大利最近的地震序列破坏性结果表明了地震风险科学性和信息透明的必要（Jordan，2014）。海沃德地震情景的地震序列为研究大地震发生前地震预测和余震后果的可能用途提供了机会。向利益相关者和决策者提供关于模拟余震序列和余震预测的示例，使他们了解将产生和传达的信息。这使未来的地震预报接收者有时间了解信息及其局限性；考虑其在缓解、准备、应对和恢复决策中的使用；以及提供关于如何改进通信产品和过程的反馈。最终，地震情景余震时间序列和震动图可用于调查一系列破坏性地震的影响，并在地震序列的整个持续期间内进行重置响应和恢复的演练。

九、致谢

美国地质调查局地震科学中心（ESC）的科学家 Jeanne Hardebeck，Ruth Harris，Morgan Page，and rew Michael，Jack Boatwright 和 Shane Detweiler 为海沃德地震情景余震序列和地震预报统计的各个方面提供了重要的意见。我们感谢 Ruth Harris 和 Morgan Page 对原稿的建设性评论。Tim MacDonald（美国地质调查局地震科学中心 IT 专家）生成了余震的震动图。余震序列的构建由美国地质调查局的以下部门资助：土地变化科学、减灾科学应用（SAFRR）和 ESC。

参 考 文 献

Aagaard B T, Graves R W, Schwartz D P, Ponce D A and Graymer RW, 2010a, Ground-motion modeling of Hayward Fault scenario earthquakes, part Ⅰ: Construction of the suite of scenarios: Bulletin of the Seismological Society of America, v. 100, no. 6, p. 2927-2944.

Aagaard B T, Graves R W, Rodgers A, Brocher T M, Simpson R W, Dreger D, Petersson N A, Larsen S C, Ma S and Jachens R C, 2010b, Ground-motion modeling of Hayward Fault scenario earthquakes, part Ⅱ: Simulation of long-period and broadband ground motions: Bulletin of the Seismological Society of America, v. 100, no. 6, p. 2945-2977.

Båth M, 1965, Lateral inhomogeneities in the upper mantle: Tectonophysics, v. 2, no. 6, p. 483-514.

Becker J S, Potter S H, Wein A M, Doyle E E H and Ratliff J, 2015, Aftershock communication during the Canterbury earthquakes, New Zealand—Implications for response and recovery in the built environment: New Zealand Society of Earthquake Engineering proceedings, accessed at http://www.nzsee.org.nz/db/2015/Papers/O-52_Becker.pdf.

Dietz L D and Ellsworth W L, 1990, The October 17, 1989, Loma Prieta, California, earthquake and its aftershocks—Geometry of the sequence from high-resolution locations: Geophysical Research Letters, v. 17, no. 9, p. 1417-1420.

Felzer K R, 2008, Simulated aftershock sequences for a M7.8 earthquake on the southern San andreas Fault: Seismological Research Letters, v. 80, no. 1, p. 21-25, doi: 10.1785/gssrl.80.1.21.

Felzer K R, Abercrombie R E and Ekström G, 2003, Secondary aftershocks and their importance for aftershock prediction: Bulletin of the Seismological Society of America, v. 93, no. 4, p. 1433-1448.

Felzer K R, Becker T W, Abercrombie R E, Ekström G and Rice J R, 2002, Triggering of the 1999 M_W7.1 Hector Mine earthquake by aftershocks of the 1992 M_W7.3 Landers earthquake: Journal of Geophysical Research, Solid Earth, v. 107, no. B9, p. ESE 6-1 – ESE 6-13, doi: 10.1029/2001JB000911.

Felzer K R and Brodsky E E, 2006, Decay of aftershock density with distance indicates triggering by dynamic stress: Nature, v. 441, p. 735-738.

Field E H, Biasi G P, Bird P, Dawson T E, Felzer K R, Jackson D D, Johnson K M, Jordan T H, Madden C, Michael A J, Milner K R, Page M T, Parsons T, Powers P M, Shaw B E, Thatcher W R, Weldon R J, Ⅱ, and Zeng Y, 2013, Uniform California earthquake rupture forecast, version 3 (UCERF3) —The time-independent model: U.S. Geological Survey Open-File Report 2013-1165, 97p., California Geological Survey Special Report 228, and Southern California Earthquake Center Publication 1792. [Also available at https://pubs.usgs.gov/of/2013/1165/.]

Gutenberg B and Richter C F, 1944, Frequency of earthquakes in California: Bulletin of the Seismological Society of America, v. 34, p. 185-188.

Harris R A and Simpson R W, 1998, Suppression of large earthquakes by stress shadows—A comparison of Coulomb and rate-and-state failure: Journal of Geophysical Research, v. 103, no. B10, p. 24439-24451.

Hill D P, Eaton J P and Jones L N, 1990, Seismicity 1980-1989, in Wallace R E, ed., The San andreas Fault System, California: U.S. Geological Survey Professional Paper 1515, 283p. [Also available at https://pubs.usgs.gov/pp/1990/1515/pp1515.pdf.]

Jones J L and Felzer K R, 2017, Point locations for earthquakes M2.5 and greater in a two-year aftershock sequence resulting from the HayWired scenario earthquake mainshock (4/18/2018) in the San Francisco Bay area, California: U.S. Geological Survey data release, accessed April 18, 2017, at https://doi.org/10.5066/F76H4FPH.

Jordan T H, Marzocchi W, Michael A and Gerstenberger M, 2014, Operational earthquake forecasting can enhance earthquake preparedness: Seismological Research Letters, v. 85, no. 5, p. 955-959.

Llenos A L and Michael A J, 2015, Forecasting the (un) productivity of the 2014 M6.0 South Napa aftershock sequence [poster session abstract]: Seismological Society of America, 2015 Annual Meeting, Pasadena, Calif., 2015, accessed October 20, 2015, at http://www2.seismosoc.org/FMPro?-db=Abstract_Submission_15&-recid=554&-format=%2Fmeetings%2F2015%2Fabstracts%2Fsessionabstractdetail.html&lay=MtgList&-find.

Lombardi A M, 2002, Probabilistic interpretation of Bath's Law: Annals of Geophysics, v. 45, no. 3/4, p. 455-472.

Meltzner A J and Wald D J, 2003, Aftershocks and triggered events of the Great 1906 California earthquake: Bulletin of the Seismological Society of America, v. 93, no. 5, p. 2160-2186.

Michael A J, 2012. Fundamental questions of earthquake statistics, source behavior, and the estimation of earthquake probabilities from possible foreshocks: Bulletin of the Seismological Society of America, v. 103, no. 6, p. 2547-2562.

Northern California Earthquake Data Center, 2014, Northern California Earthquake Data Center dataset: University of California Berkeley Seismological Laboratory, doi: 10.7932/NCEDC.

Ogata Y, 1988, Space-time point-process models for earthquake occurrences: Annals of the Institute of Statistical Mathematics, v. 50, no. 2, p. 379-402.

Omori F, 1894, On the aftershocks of earthquakes: Journal of the College of Science, Imperial University of Tokyo, v. 7, p. 111-200.

Reasenberg P A and Jones L M, 1989, Earthquake hazard after a mainshock in California: Science, v. 243, no. 4895, p. 1173-1176.

Richter C F, 1958, Elementary seismology: San Francisco, Freeman, 768p.

Simpson R W and Reasenberg P A, 1994, Earthquake-induced static stress changes on central California faults, in Simpson R W, ed., The Loma Prieta, California, earthquake of October 17, 1989—Tectonic processes and models: U.S. Geological Survey Professional Paper 1550-F, p. F55-F89. [Also available at https://pubs.usgs.gov/pp/pp1550/pp1550f/.]

Stover C W and Coffman J L, 1993, Seismicity of the United States, 1568-1989 (revised): U.S. Geological Survey Professional Paper 1527, 418p. [Also available at https://pubs.er.usgs.gov/publication/pp1527.]

Toppozada T R, Branum D M, Reichle M S and Hallstrom C L, 2002, San andreas Fault Zone, California—$M \geqslant$ 5.5 earthquake history: Bulletin of the Seismological Society of America, v. 92, no. 7, p. 2555-2601.

Toppozada T R and Real C R, 1981, Preparation of isoseismal maps and summaries of reported effects for pre-1900 California earthquakes: U.S. Geological Survey Open-File Report 81-262, 78p., 2 appendixes. [Also available at http://pubs.er.usgs.gov/publication/ofr81262.]

U.S. Geological Survey, 2014, Earthquake planning scenario—ShakeMap for Haywired M7.05-scenario: U.S. Geological Survey Earthquake Hazards Program website, accessed August 26, 2014, at https://earthquake.usgs.gov/scenarios/eventpage/ushaywired$M$7.05_se#shakemap?source=us&code=gllegacyhaywired$M$7p05_se.

U.S. Geological Survey, 2015, HayWired Aftershock Planning Scenarios: U.S. Geological Survey Earthquake Hazards Program website, accessed October 21, 2015, at http://escweb.wr.usgs.gov/share/shake2/haywired/archive/scenario.html.

Utsu T, 1961, A statistical study of the occurrence of aftershocks: Geophysical Magazine, v. 30, p. 521-605.

Utsu T, 1971, Aftershocks and earthquake statistics (3) —Analyses of the distribution of earthquakes in magnitude, time, and space with special consideration to clustering characteristics of earthquake occurrence (1): Journal of the Faculty of Science, Hokkaido University, Series 7, Geophysics, v. 3, no. 5, p. 379-441.

Wein A M, Potter S, Johal S, Doyle E, Becker J, 2016, Communicating with the public during an earthquake sequence—Improving communication of geoscience by coordinating roles: Seismological Research Letters, v. 87, no. 1, 7p., doi: 10.1785/0220150113.

H 海沃德地震情景三维数值模拟地震动图

Keith A. Porter[*]

一、摘要

海沃德地震情景是假设于 2018 年 4 月 18 日下午 4 点 18 分在加州旧金山湾区东湾的海沃德断层上发生的矩震级 7.0 的地震（主震）。海沃德地震情景使用三维（3D）数值模拟地震动图以在局部和总体上对破坏和损失作出更真实的估计。有两种常见的方法来创建设定地震的地震动图：①采用地震动预测方程（两种方法中更常用的）；②采用 3D 地震动模拟，二者各有利弊。基于地震动预测方程的方法（这里指中位值地震动图）通常只显示地震动中位值，即 50%分位值。中位值只是一系列地震的中间值的度量，因此中位值地震动图难以提供特定地震中预期的真实的变异性信息。体现出这种变异性可能会对震害或损失的评估产生很大影响，通常会超过仅根据中位值的估计值，导致这一现象的原因有：实际地震动的偏态分布，在较低水平地震动下破坏与地震动之间的向上弯曲关系，以及地震动的空间相关性。

对于海沃德地震情景，3D 模型通过对一个特定震源、一个滑动分布以及一个采用半随机方法的高频地震动的特定模拟进行调节来处理不确定性，而不需要对许多可能的结果进行平均。读者将了解，如何仅使用一个结果捕捉到不确定性的两个重要方面。还有其他方法可构建和使用设定地震的地震动图。这项工作并不涉及其他用途，如概率地震危险分析、概率地震风险分析，或者结构设计，也没有从地震动和超越频率之间的概率关系的角度来评估危险性。相反，海沃德地震情景旨在提供地震动、破坏和损失的单一结果，尽管该结果真实地描述了地震动的不确定性，并避免了估计结果的低估。它旨在向工程师、规划师和其他更熟悉中位值地震动图的非地球科学领域的读者们解释，为什么 3D 地震动图看起来不同，以及为什么海沃德地震情景使用 3D 地震动图而不是中位值地震动图。

二、引言——两种创建地震动图的方法

海沃德地震情景是假设于 2018 年 4 月 18 日下午 4 点 18 分在加州旧金山湾区东湾的海沃德断层上发生矩震级（M_W）7.0 的地震（主震）。海沃德地震情景的开发人员发现，3D 数值模拟中存在一些不为人知的特性，可能会让熟悉更常用的方法的工程师和应急管理人员感到震惊。

第 H 章旨在向工程师、应急计划人员以及地震情景地震动图的其他使用者介绍地震动

---

[*] 科罗拉多大学博尔德分校。

三维数值模拟应用于描述地震情景真实损失的价值和有效性。请注意，地震情景是描述了地震破裂、地震动、结构响应、物理破坏以及社会和经济损失的一个真实结果，它通常不能量化和传播不确定性。因此，地震情景不同于概率地震危险分析或概率地震风险分析。正如本章所示，地震情景的开发人员仍然需要考虑不确定性的某些方面，至少有两点原因：①以类似于真实地震中地震动图的方式来描述地震动，②减少破坏和损失评估的偏差。

创建地震情景地震动图的一种方法是采用三维数值模拟（Aagaard 等，2010a、b）。该方法采用计算机模型来模拟地震波如何从断层破裂传播经过地壳，再向上穿过地表土层，从而对建筑物基础造成振动。该方法考虑了地震震级、破裂细节、地震波必须传播的距离和路径、传播路径上的地壳特征以及地表附近的土层条件。我们将其称之为 3D 方法，其反映了地震动的空间变异性，这是一种真实的、观测到的效应，一些地区地震动比断层距相同场地的平均地震动更为强烈，而另外一些地区则更弱。3D 模型使用了断层、地壳和地表附近土层的数学模型，并且采用了应力和应变、加速度和质量有关的力学定律以及波动理论来估计地震动。

懂技术的读者可能会好奇 3D 模型如何真实地解释变异性。建模人员使用几种方法处理地震动的变异性，取决于给定震级的地震中假设破裂的断层段。目前，Aagaard 等（2010a、b）对断层滑动分布进行了随机模拟，并模拟了沿断层的几个震源位置中每个位置的地震动。（对于给定的断层段和震级，滑动分布可在断层面上变化。）他们模拟了破裂速度和上升时间的模型，这是影响地震动的重要参数，随给定震级和位置而变化。图中每个网格点的低频地震动（小于 1Hz）是该区域地壳速度模型和模拟参数的确定性（即非随机）结果。使用 Graves 和 Pitarka（2010）提出的半随机方法模拟高频地震动，该方法假设了震源谱，过滤白噪声将该震源谱与随机相位相匹配，使用简化的格林函数将高频地震动从子断层段传播到地表的每个网格点。Aagaard 等（2010a、b）以及本章使用的数值模拟方法处理了非线性场地放大；详见 Graves 和 Pitarka（2010）。两个过程在每个网格点产生的低频和高频时程叠加，进一步分析时程，生成每个网格点的多种地震动参数——峰值地面加速度，感兴趣的任何阻尼比和周期点的谱加速度响应等。Aagaard 等（2010a、b）模拟了 52118 个网格点中每个点的地震动，这些网格点的间距约为 1.85km。

注意，数值模拟方法有多种，海沃德地震情景的模拟运用了地震破裂的运动学计算，而非动力学计算，地震破裂过程不受物理自一致性约束，所以本章的模拟方法不能被恰当地称之为完全基于物理的方法。此后，无论是采用运动学还是动力学破裂模型，我们都将通过具有半随机高频地震动的三维数值模拟生成的地震动图称为三维数值模拟图。

另一种创建地震动图的方法是采用被称为经验地震动预测方程（GMPE）或衰减关系的数学模型。GMPE 是通过将平滑曲线拟合到不同震级、破裂类型、传播距离和场地条件的地震中观测到的地震动数据来产生的。GMPE 解释了地震震级、从断层破裂到感兴趣的场点的距离、断层破裂的其他特征、破裂至场点的路径、地表附近的土层条件。它通过将曲线拟合到过去的观测值来平滑变异性，通常是观测地震动的自然对数。GMPE 的开发人员通常以残差自然对数的标准差的形式提供变异性的估计，通常分为事件间和事件内变异性两部分，例如，Abrahamson 等（2014）的美国西部下一代衰减关系（NGA-West2）。不确定性极易被忽略，大多数地震情景的地震动图（即设定地震的地震动图）只体现了震动的中位值，我们把这种称为中位值地震动图。除中位值地震动图外，通常可以获得变异性数据，但不易获取。例如，美国地质调查局（USGS）提供了1999年台湾集集 M_W7.7 地震的原始网格数据下载文件。该文件包含5900个网格点的估计的地震动的 .csv 数据。文本文件中的每一行包含纬度、经度、估计的地震动的各种强度指标，包括峰值地面加速度（PGA）、峰值地面速度（PGV）、修正麦卡利烈度（MMI）和两种不确定性指标，即 PGA 标准差和 PGV 标准差。不确定性信息未以图形方式呈现，没有一种图形能够以与中位值地震动图相同的单位量化不确定性，不如中位值地震动图方便获取。为简洁起见，我们参考地震情景损失估计，假设地震动是均匀地，采用地震动预测方程估计的中位值作为中位值方法。

任何变量的中位值，无论是场点的地震动估计值还是一些其他变量，例如美国任意家庭的家庭收入，都衡量了中心趋势。它指的是 50% 超越概率值，即一半的观测值高于它，一半低于它。

第 H 章中，我们比较了 3D 数值模拟地震动图与地震动预测方程生成的中位值地震动图的应用，重点关注它们在地震情景损失估计中的应用，特别是对变异性的处理。根据定义，中位值并不提供关于变异性的信息。例如，中位值地震动图不告诉人们 90% 非超越概率的地震动有多大，或者 10% 分位的地震动有多小。平均值则是另一种衡量中心趋势的指标，它不同于中位值，在地震动中，中位值通常低于平均值，与中位值一样，平均值的定义不包含任何关于变异性的信息。

在中位值地震动图上显示地震动的情况下，给定地震震级、距离、场地条件、断层破裂的各种特征和破裂方向，任何任意位置显示的数值超过 50% 概率的地震动。3D 震动图上相同位置的数值并非固定的百分位数。根据该位置的地震动概率分布，它可能接近中位值，也可能低于或高于中位值。相比于 GMPE 的概率分布，这种概率分布更受约束，分布更窄，它受到 3D 模拟的额外信息（滑动分布、震源、断层破裂传播的其他特征、地壳和土层沿着破裂至地表的力学特性）的约束，而 GMPE 则不会。

在地震情景中，显示具有特定超越百分位数的地震动并不十分重要。3D 图显示了地震动的变异性：一些地方的地震动高于中位值；一些地方则接近中位值；还有一些地方低于中位值。因此，3D 图看起来不规则、不对称、有斑点。如图 H-1a 所示，中位值图的等值线往往看起来像破裂断层周围排列的同心热狗。采用 3D 模型的地震动图中的等值线往往形状更不规则（图 H-1b），更接近真实地震中的观测结果。

创建地震情景地震动图的 3D 方法和中位值方法都是有效的，并得到了地球科学家的广泛认可。震动图（美国地质调查局的产品）旨在"震后响应和恢复、公共和科学信息，以及备灾演习和灾害规划"（USGS（美国地质调查局），2015）。正如 Aagaard 等（2010）在介绍中所解释的那样，3D 图的开发人员将其用于"估计地震危险性和可能产生的地震动"。简言之，这两种方法都能够并已经被用于地震的应急准备当中。各自都存在优点和缺点，3D 模型考虑了断层特征和局部地质的信心，但计算要求，难以运用模拟低频地震动（与低矮建筑共振的地震动成分）的严格的方式来模拟高频地震动（与较高建筑共振的地震动成分）。

中位值方法基于先前的观测结果。从某种意义上说，它考虑了地震构造物理，按震源机制（例如，走滑断层、正断层、逆断层或不明确的断层）划分数据，并预设了一些参数，如场地和滞弹性系数，但中位值方法所依据的 GMPE 基本是对过去观测数据的回归分析，存在一定局限性。读者可能会认为，3D 图与实际地震更为相似，因为 3D 图考虑了地下 30m 深度等效剪切波速 V_{S30} 这一参数，而中位值图也可以（而且确实）考虑了这一点。但请注意，对于 3D 模型至关重要的震源位置、非均匀滑动分布、上升时间、破裂速度和地壳速度模型与 V_{S30} 无关，也并非 GMPE 的参数，因此使用 GMPE 创建的中位值图是无法考虑这些参数的。

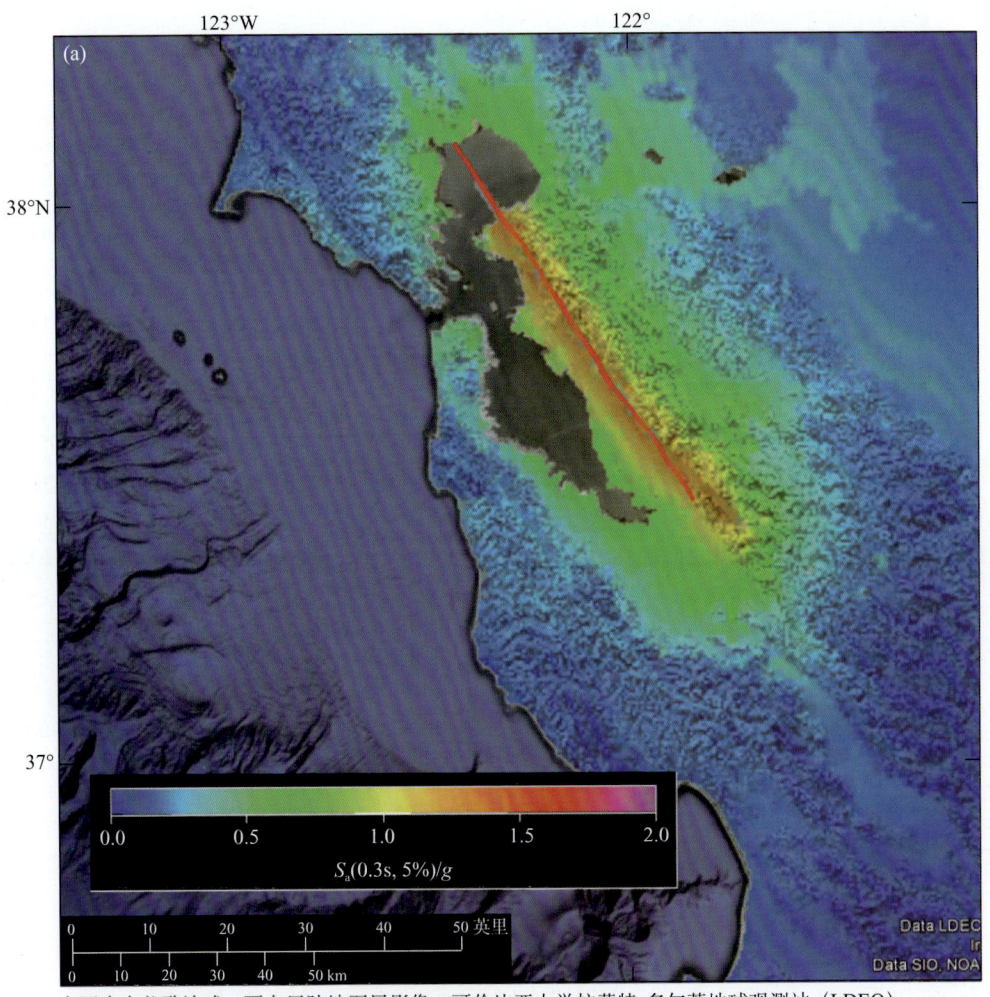

底图来自谷歌地球，哥白尼陆地卫星影像，哥伦比亚大学拉蒙特-多尔蒂地球观测站（LDEO）、美国国家科学基金会（NSF）、美国国家海洋和大气管理局（NOAA）数据，海洋研究所、美国国家海洋和大气管理局（NOAA）、美国海军、美国国民警卫队协会（NGA）、世界大洋深度图（GEBCO）数据（数据获取时间为2015年）。

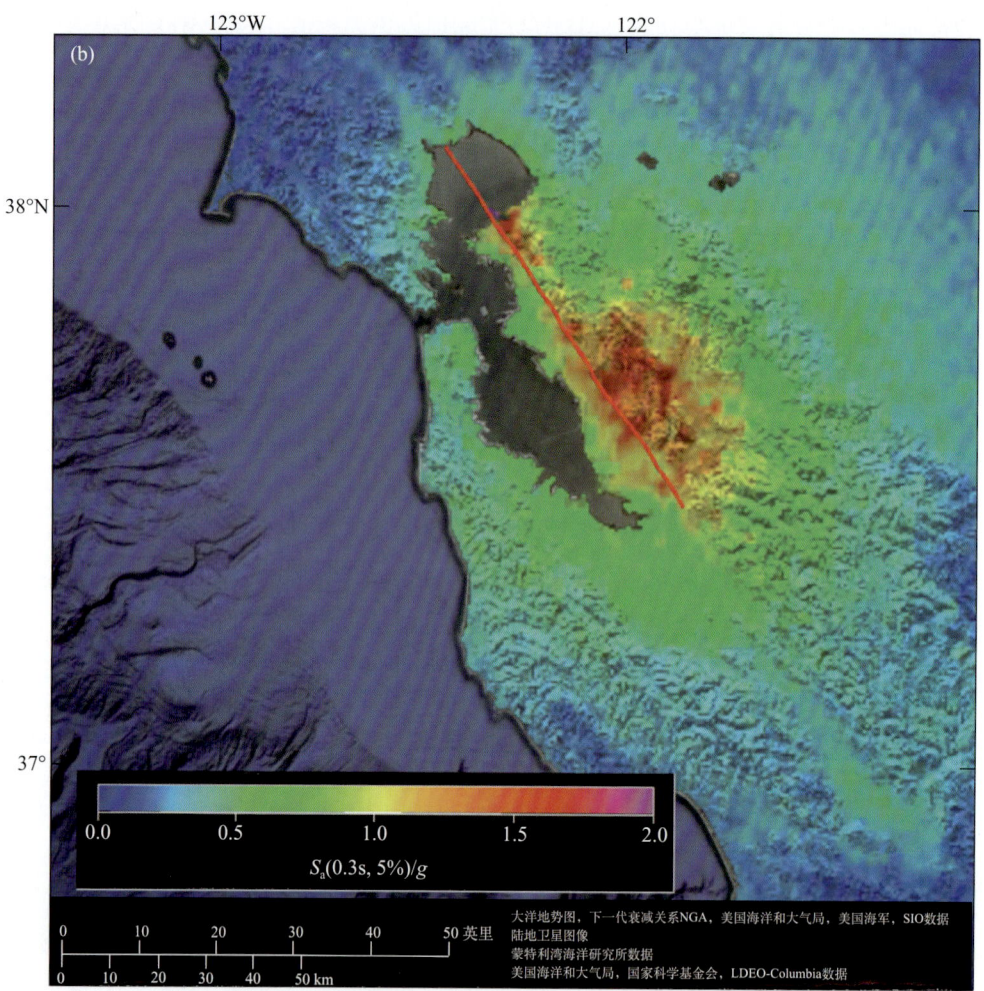

底图来自谷歌地球，哥白尼陆地卫星影像，哥伦比亚大学拉蒙特-多尔蒂地球观测站（LDEO）、美国国家科学基金会（NSF）、美国国家海洋和大气管理局（NOAA）数据，海洋研究所、美国国家海洋和大气管理局（NOAA）、美国海军、美国国民警卫队协会（NGA）、世界大洋深度图（GEBCO）数据（数据获取时间为2015年）。

图 H-1　加州旧金山湾区设定矩震级（M_W）7.0海沃德地震的地震动图比较，海沃德地震情景中使用不同方法生成的地震动图

(a) 采用地震动预测方程计算得到的0.3s、5%阻尼比弹性加速度反应谱中位值的地震动图；

(b) 采用3D地震动模拟创建的0.3s、5%阻尼比弹性加速度反应谱的地震动图

红线：海沃德破裂断层；S_a：谱加速度

图 (a) 由开源地震危险性分析（OpenSHA, http://www.OpenSHA.org）情景 ShakeMap 软件 1.3.1 版计算，使用加州统一地震破裂预测，第3版（UCERF3, http://www.wgcep.org/UCERF3）。海沃德断裂指数均为0；NGAWest2 2014 平均衰减关系；50%超越概率；平均水平运动；Wills 和 Clahan, 2006, 地下30m深度等效剪切波速，V_{S30}模型地震动图由科罗拉多大学博尔德分校的 Keith A. Porter 创建

三、地震动强度的偏度

地震动图的常用用户可能会对两种方法的结果的差异感到惊讶。这种差异很大程度上是 3D 模型如何反映空间变异性的结果，中位值地震动图则没有。真实地震的地震动图看起来更像 3D 模型的地震动图，所以海沃德和 ShakeOut 地震情景都使用了 3D 模型的地震动图（更多关于 ShakeOut 地震情景的信息参见 Jones 等（2008））。

震害情景中使用 3D 地震动图有一个微妙但重要的原因：相比于仅考虑地震动中位值，它能够产生比只考虑地震动中位值更真实、总体上更高的震害和损伤估计。出现这种情况有两点原因。首先，如前文所述，地震动平均值往往高于地震动中位值。这是因为与对称钟形曲线（正态分布）相比，观测到的地震动倾向于向更高的值倾斜（如对数正态分布）。这意味着偏态分布中，高强度地震动的概率更高，低强度地震动的概率更小（图 H‑2）。

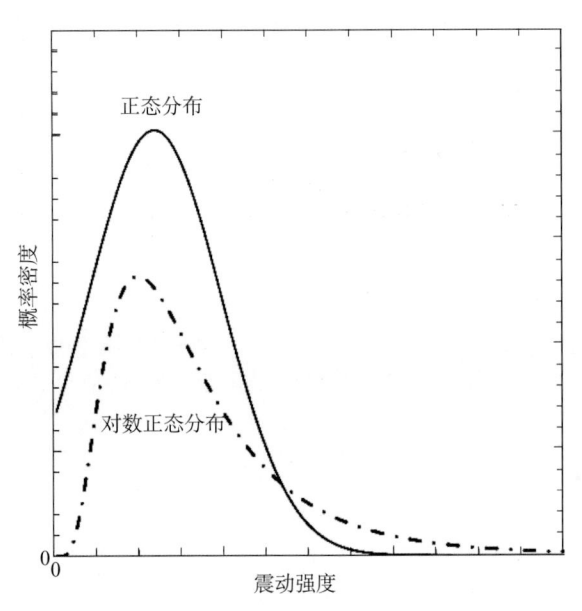

图 H‑2 概率密度与地震动强度的关系图，以正态和对数正态分布为例
两条曲线的平均值和标准差相同，标准差与平均值的比值（该比值称为变异系数）为地震动预测方程的特征。注意正态分布是左右对称的，但对数正态分布向右偏斜。曲线高度代表着产生某一强度地震动的概率。注意由于地震动强度的下限值为零，因此截断了低于零的正态分布，否则其对称性将更加明显

四、损伤非线性加剧损伤估计

3D 地震动图产生更高、更真实的损失估计的第二点原因是，地震动的偏态分布与另一个称为非线性易损性的常见破坏性特征相结合。总的来说，偏态分布和非线性易损性加剧了损伤，超过了仅基于地震动中位值的损伤估计预期值。所谓"非线性易损性"，其意义为失效概率随震动强度的增加而非线性增加，以震动强度作为横坐标绘制的失效概率曲线向上弯

曲。图 H-3 说明了这一点，例如震动强度增加 50% 会导致失效概率增加 4 倍。当然，这并不意味着震动是损伤的关键，因为建筑的易损性有高有低。但除易损性外，多数建筑和构件都具有类似于图 H-3 的非线性易损性函数模型。

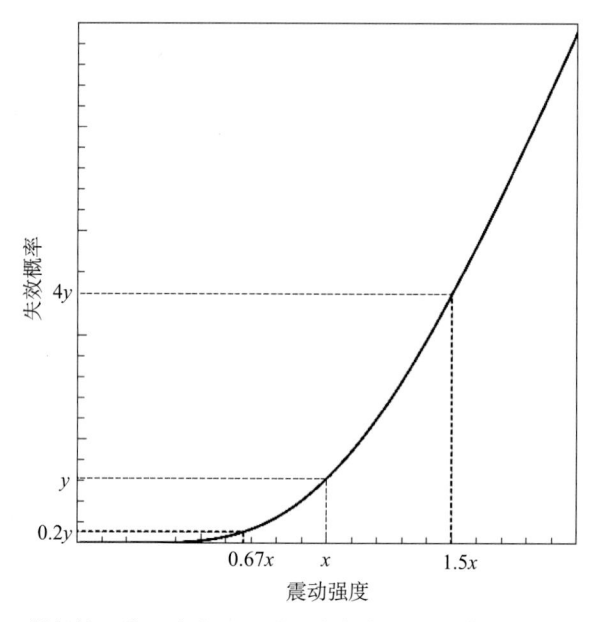

图 H-3　易损性函数通常在地震动强度较低时向上弯曲。因此，与稍微弱一点的震动会产生低一点点的失效概率相比，稍微强一点的震动会产生更高的失效概率。若震动强度中位值为 x，那么震动强度分别为 $0.67x$ 和 $1.5x$ 的可能性相同，这意味着失效概率为 $0.2y$ 和 $4y$ 可能性也一样，而失效概率的均值或期望却高于 y

五、空间相关性

地震动的空间相关性可能会进一步加剧集中在震动更强烈的地区的破坏。地震动的空间相关性意味着两个相邻场地往往会遭受类似的地震动，也就是说，如果一栋建筑物遭受的地震动略高于平均水平，那么附近的一栋建筑物也会如此。平均而言，预计这两栋建筑物的破坏比平均水平下的破坏更严重，因此，预计这两栋建筑物的总体破坏比平均水平下的更大。同样地，如果一栋建筑物遭受的地震动略低于平均水平，附近一栋建筑物也将如此，预计两栋建筑物的破坏（单体或总体）低于平均水平下的破坏。两栋建筑物越靠近，它们遭受的地震动就越相似，也越有可能发生高于或低于平均水平的震动和破坏。

作为对比，我们假设地震动不存在空间相关性（即以两栋建筑物地震动的中位值和对数标准差为条件）；假设一栋建筑物的破坏与另一栋建筑物无关。如果一栋建筑物的地震动高于平均水平，那么另一栋建筑物可能会遭受平均水平、高于或低于平均水平的地震动。平均而言，对于大量建筑物，遭受高于和低于平均水平的地震动和破坏的建筑物一样多。随着建筑物数量的增加，与平均水平的差异趋于抵消，这种普遍现象被称为大数定律。在地震动空间相关性不存在的情况下，大数定律保证了建筑物越多，总破坏越接近平均水平。但是由于空间相关性确实存在，大数定律不成立。因此，即使有大量的建筑物，总损失的不确定性也不会消失。空间相关性越高，总损失越偏离于平均值。

在实际地震中，空间相关性可达到数十公里，因此，在比旧金山市更大的区域内，所有建筑物在同一次地震中都可以遭受高于平均水平的地震动。由于空间相关性，一个社区可以预期要么"赢"了很多（如果可以说赢过了某次强烈地震），若整个社区的地震动一般低于预期值；要么"输"了很多，若整个社区的地震动一般高于预期值。

六、三维模型极值

一般来说三维模型，尤其是海沃德地震动图可以表现出显著区别于中位值地震动图的特征。长周期（1s）拟加速度反应谱（此处记为 PSA10）可以超过短周期（0.3s）拟加速度反应谱（记为 PSA03），这与地震中通常观察到的情况相反。一个真实的、观测得到的现象是，PSA10 一般约为 PSA03 的 40%，但也有可能大于 PSA03。例如，1994 年加州北岭地震中，美国地质调查局地震动数据库中列出的 180 个地震动记录中有 13 个记录出现 PSA10 大于 PSA03 的情况（U. S. Geological Survey（美国地质调查局），2009a）。1989 年加州洛马—普里塔地震中，地震动数据库中列出的 84 个地震动记录中的 20 个记录有这种情况（美国地质调查局，2009b）。PSA10 与 PSA03 的比值有时可能远超过 1.0。如北岭地震的两个台站 LPU 和 PAR 的记录，比值则达到 1.8∶1，而洛马—普里塔地震的 A02 台站记录，比值达到 3∶1。

2014 年 8 月 24 日，加州南纳帕地震（USGS（美国地质调查局），2014）的 NP.1765 台站 HNE 分量记录的 PSA10=1.02g，PSA03=0.58g，比值为 1.8∶1。这是震中地区所有台站 PSA10 最高记录值。其中，HNN 分量 PSA10=0.99g，PSA03=0.61g，比值为 1.6∶1。（震中地区其余台站记录的 PSA10 与 PSA03 比值为常见的情况；例如，PSA03 最大值由 NC.N019B 台站 01.HNE 分量记录到，PSA10=0.57g，PSA03=1.17g，比值为 0.49∶1。第二高的 PSA03 由 NC.HNC 台站 HNN 分量记录到，PSA10=0.35g，PSA03=1.08g，比值为 0.32∶1。不过重点是，尽管 PSA10>PSA03 的情况并不典型，但仍不是很罕见。）

其中一些效应可能是由长周期脉冲或其他可解释的现象造成的。事实上，如果能够知道震源位置和机制、滑动分布、破裂速度、上升时间、地壳速度结构、地表地质以及断层破裂和区域的其他物理量并进行建模，那么观测到的地震动很可能不是真正的内在的随机振动。这就是地震动数值模拟的要点——明确建模并深入了解这些问题，而不是将其视为 GMPE 模型框架之外的隐藏变量，并用包罗万象的残差变异性参数来处理这些影响。

除了 PSA10 与 PSA03 的高比值外，PSA10 和 PSA03 在三维模拟和真实地震中的幅值有时会非常高。在海沃德地震情景 3D 地震动图中，一个场点的 PSA10 估计值为 4.1g，这是非常不寻常的，但并非不可能。因为海沃德地震情景的场地土层非常软，地下 30m 深度等效剪切波速（V_{S30}）仅为 180m/s。据太平洋地震工程研究中心（2015），1999 年 9 月 20 日，台湾集集 M_W7.6 地震中 CHY080 和 TCU084 两个台站，在 1s 周期附近的 5%阻尼比 PSA 分别为 4.0g 和 3.7g（周期 1.0s 的 5%阻尼比拟加速度反应谱为 2.94g 和 2.70g），两台站场地 V_{S30} 均为 665m/s。

正如上文提到的海沃德地震情景中的台站,如果台站位于 $V_{S30}=180\mathrm{m/s}$ 的土层上,估计它们的地震动具有重要意义。美国工程师所使用的国家标准设计文件 ASCE 7-10（American Society of Civil Engineers（美国土木工程师学会），2010）提供了估计放大的模型,提出一个名为"场地系数 F_v"的参数,该参数将某一 V_{S30} 的土层上的 1s 周期的加速度反应谱与不同 V_{S30} 的土层上的联系起来。F_v 随震动呈非线性变化,并在强震动（超过一个特定的地震动水平,$V_{S30}=600\mathrm{m/s}$ 时,$PSA10 \geqslant 0.65g$）时饱和,F_v 不再变化。建立该模型所依据的数据完全来自较低水平的地震动,所以在这里考虑的 PSA10 值情况下使用 F_v 需假定该模型同样适用于更高水平的地震动。我们暂时假设可以使用该模型（没有明显可行的替代方案）。ASCE 7-10 模型表明较软土层的放大效应更大,与 $V_{S30}=600\mathrm{m/s}$ 的场地相比,$V_{S30}=180\mathrm{m/s}$ 场地的地震动将增加 15%~85%。之所以是这个增大范围的原因是 ASCE 7-10 提供了 $180 \leqslant V_{S30} \leqslant 360\mathrm{m/s}$ 和 $V_{S30} \leqslant 180\mathrm{m/s}$ 场地放大值,海沃德地震情景场地 V_{S30} 恰好位于分界处。取两者的平均值表明,放大系数期望值约为 600m/s 场地的 50%。这表明,如果两个记录仪器位于 $V_{S30}=180\mathrm{m/s}$ 的土层上,使用 ASCE 7-10 模型的工程师会得到 CHY080 和 TCU084 记录的反应谱峰值在 1.0s 周期附近,估计值分别为 6.0g 和 4.4g。1.0s 周期的反应谱分别为 4.4g 和 4.0g。重点是,在推断 F_v 时需要注意,3D 数值模拟得出 PSA10=4.1g 的估计值与集集地震中较硬土层的两条地震动记录 1.0s 周期附近的加速度反应谱值（4g 和 3.7g）一致,需要注意外推模型不确定性的影响。

Graves（书面交流,2015 年 7 月 24 日）提出了海沃德地震动图中一个需要注意的事项。他表示:"3D 计算中模拟的数值是基于一个非常简单的非线性土层响应模型,而对于如此强烈的地震动作用下的软土场地,该模型并未精确校准。"

在破裂附近,南纳帕地震产生的短周期（0.3s）加速度反应谱远高于计算的中位值。而在远离破裂的地方,地震动远低于中位值（采用了四个 2008 年下一代衰减关系的平均值）。图 H-4a 显示,在靠近破裂的一些位置的地震动接近或达到普通底层建筑物的生命安全设计水准（ASCE 7-10 中 S_{DS},定义为建筑物和其他结构的最小设计荷载;American Society of Civil Engineers（美国土木工程师学会）,2010）。图 H-4b 显示,在断层 20km 范围内,观测到的 0.3s 的地震动平均值比中位值高 1.25 到 2.25 倍,有些位置观测到的 0.3s 的地震动是这个震级地震中给定距离处的中位值计算值的 5 倍。距断层更远的地方,地震动则低于中位值的一半。根据一位研究美国地质调查局"Did You Feel It"数据的地震学家（Susan Hough，USGS（美国地质调查局），书面交流,2014 年 9 月 28 日）的说法,南纳帕的记录并不罕见。因此南纳帕地震突出表明,地震中某些位置的地震动远高于中位值并不罕见（图 H-4）。所有这些都表明,常见的真实地震可以产生更像 3D 模拟的地震动,而不是像中位值地震动图的地震动。

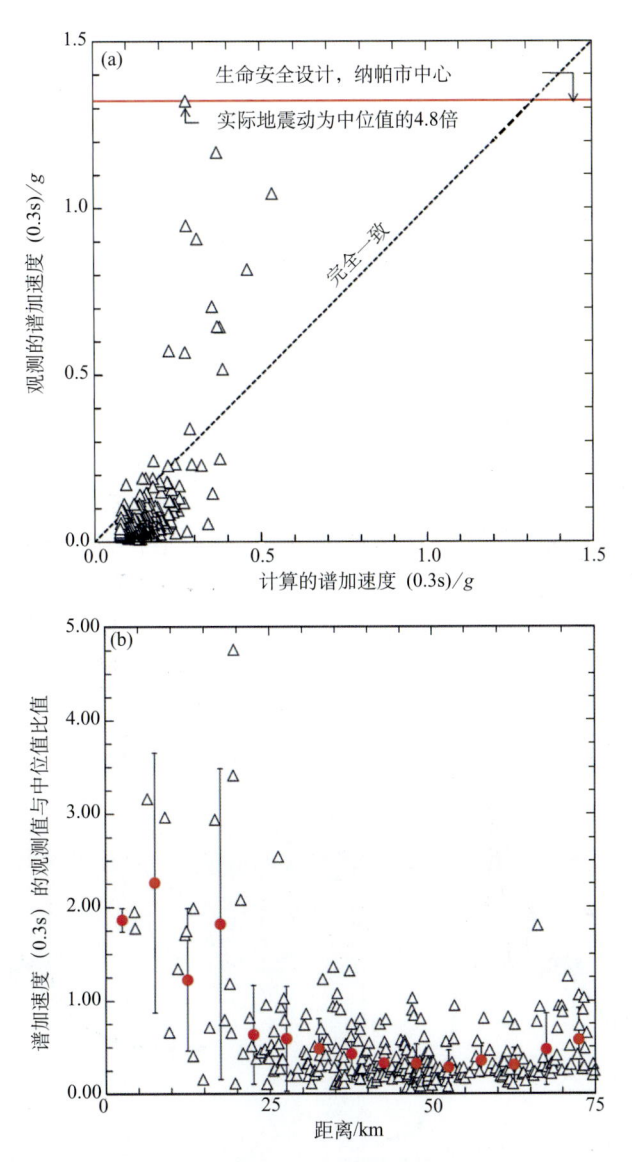

H-4 图为2014年8月加州南纳帕地震中观测和计算的短周期（0.3s）加速度反应谱（低层建筑将经历的地震动部分）

三角形是315个强震仪的地震动观测结果

(a) 观测的地震动远高于震中附近最重要的地方的地震动中位值。对角线上方的三角形高于计算值。一些地震动达到了1.3g的设计水准，其中最大分量的中位值为0.28g；(b) 观测地震动与地震动中位值的比值和破裂距离的关系曲线图。震中20km范围内的地震动比计算的中位值高1.25~2.25倍，在某些情况下高3~5倍。红点和误差线为5km距离分组的平均值±1倍标准差

计算使用了工程强震数据中心（2014）报告的断层破裂80km范围内的315个强震仪的观测结果、加州地质调查局仪器位置的现场土层信息（Wills和Clahan，2006；American Society of Civil Engineers（美国土木工程师学会），2010；30m深度的平均剪切波速度），以及四个2008年下一代衰减关系的加权平均值（Stewart等，2008）；计算是在2014年衰减关系发布之前进行的（Bozorgnia等，2014）

图 H-5 中所示的高 PSA10 值以及 PSA10 与 PSA03 的高比值这些影响是不寻常的，但并非不可能。它们可能由相长干涉引起，例如，当远离场地的断层破裂的一部分产生的地震波抵达该场地时，距离场地较近断层破裂的部分产生的地震波同时抵达同一个场地，两部分地震波叠加，增大了该场地的地震动幅值。

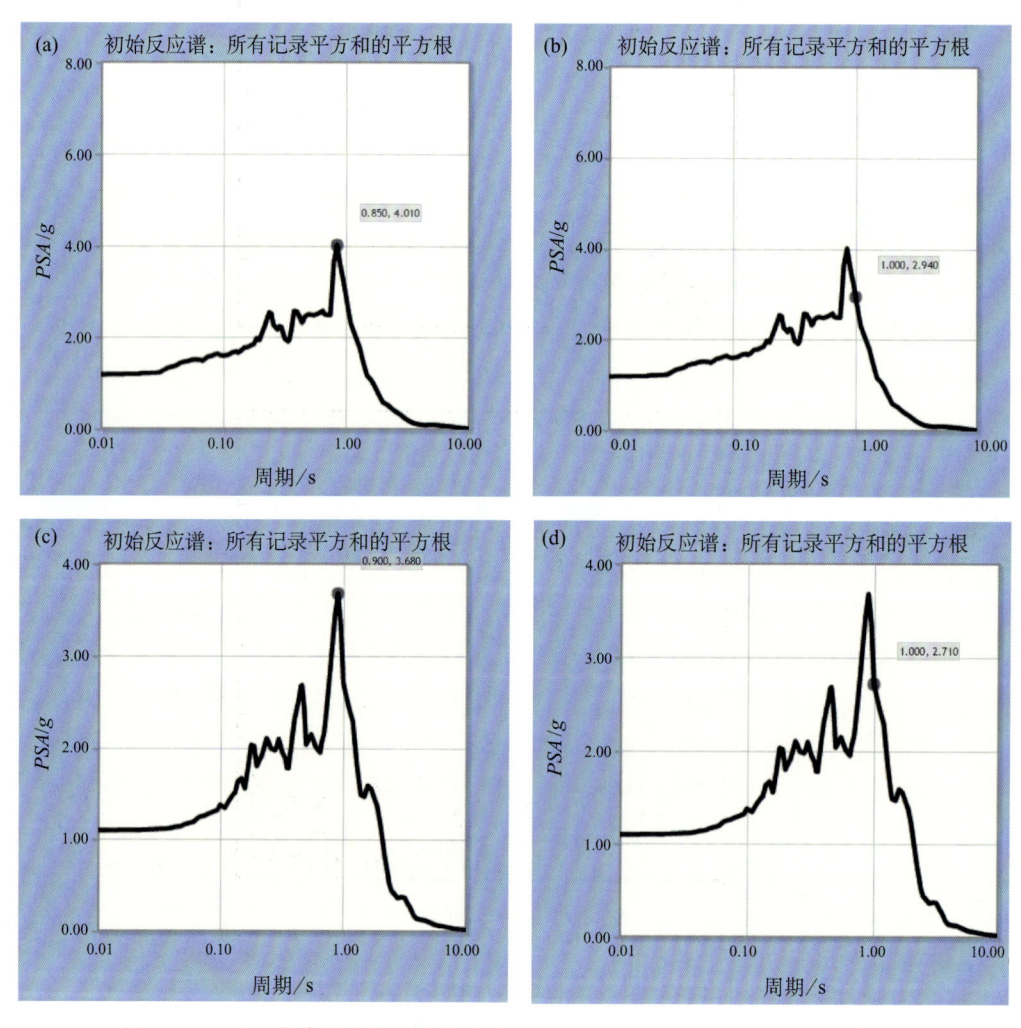

图 H-5 1999 年台湾集集地震的台站 CHY080（a 和 b）和 TCU084（c 和 d）
的拟加速度反应谱（*PSA*）

（来源于 Pacific Earthquake Engineering Research Center（太平洋地震工程研究中心）（2015）；已授权）

盆地效应也可以产生非常强的地震动，高速穿过地壳岩石的地震波在进入松软沉积盆地时会折射并变慢，如同水波到达海岸时减慢并增大到很高的高度一样，这增大了地震波的幅值。此外，盆地边界处岩石和盆地土层之间密度的突变导致地震波反射，使能量在盆地中滞留更长时间，并延长地震动的持续时间。

读者还应当考虑大样本中极值的特性。即使我们确实观测到一两个非常强烈的地震动记录，这些记录也非常罕见，这似乎表明地震动图观测的强震动是非常不可能的，然而事实并非如此。在任何一次地震中，我们能获得的记录最多只有几百条。断层附近的记录数量甚至更少，太平洋地震工程研究中心（PEER）地震动数据库中，8 次 7 级及以上的地震中距离小于 10km 的 59 个台站观测到地震动记录（Pacific Earthquake Engineering Research Center（太平洋地震工程研究中心），2015）。相比之下，海沃德地震情景地震动图则包含 52000 个场点的模拟地震动记录，它们以 83km 长的破裂为中心，间隔 1.8km。这意味着，仅从该地震情景来看，地震动数值模拟可以在断层 10km 范围内提供 103×20 /（1.8×1.8）= 635 条模拟地震动记录，这是 PEER 数据库中所有 7 级及以上地震中断层 10km 内所有台站可用观测记录数量的 10 倍以上。在任何数量不确定的集合中，观测的样本越少，最大值也就可能越小，所以 PEER 数据库中的地震动最大值小于海沃德地震情景 3D 地震动图的地震动最大值也就不足为奇了。

更真实的地震动观测记录将受到欢迎，但更要注意，目前地震动数据库中的极值往往给人一种 7 级地震可能产生的最大地震动的错误印象，这一错误印象正是现有数据库规模有限的必然结果。地震动上限没有实际物理限制，这也是现有数据库规模的必然结果。仅根据 59 个观测记录无法保证 PEER 数据库中观测到的最大地震动是物理上可能的最大值；实际的最大地震动可能远远大于观测到的最大值。

这里通过一个类比来说明从有限的数据集判断极值的问题。随机挑选 10 名美国居民，年龄最大的可能是 72 岁左右；挑选 100 名美国居民，年龄最大的则可能将是 86 岁左右；而在 6000 名美国居民中，会发现有 100 岁的人；6000000 人中，会有 110 岁的人。同样的原理也适用于此，海沃德地震情景中，每个网格点的数值正如一群美国居民的年龄列表，缺少每个网格点的值，正如我们只知道 59 个人的年龄一样。即使海沃德地震情景的 3D 地震动图与过去的一些震级完全相同的地震精确匹配，因为强震仪的观测数量远小于网格点的数量，震动图上的最大值也肯定会超过同样大小的地震中通过强震仪观测到的最大值。比较强震仪记录的最大地震动和网格化 3D 地震动图的最大地震动，就像比较 100 人样本的最大年龄和 6000 人样本的最大年龄一样。后者的最大值通常高于前者，因此，如果我们假设强震仪观测的是某种自然上限，那么就很可能低估了地震动。此外，由于地震动的分布（根据 PSA03 或 PSA10 测量）没有公认的上限（与人类年龄不同），实际发生的最大地震动（或出现在有数千或数万个点的网格地图上）很可能大于强震仪观测到的最大地震动。

简而言之，人们预计海沃德 3D 地震动图中的地震动最大值大于过去所有地震中强震仪观测的最大值，因为与 3D 模拟中的网格点数量相比，大地震中断层附近的强震动观测记录非常少。

七、不确定性

正如上文所述，海沃德地震情景并非用于概率地震危险性分析。它所描述的是断层破裂、地震动和其他参数的单一结果，以便于应急管理人员和其他人员能够更为清楚地了解一次地震的结果，并有助于人们更好地为实际发生的地震做出应对准备，当然实际地震肯定会与情景地震有所不同。那为什么还要担心不确定性呢？哪些不确定因素应该被量化，它们是如何传播的？3D 数值模拟方法可以考虑断层破裂位置、震源、滑动分布、高频地震动等参数的不确定性，而海沃德地震情景作为 3D 数值模拟的一个结果，忽略了断层段、震源、震级、滑动分布或者其他因素对地震动图的影响。（Aagaard 等（2010a、b）提供了 39 个考虑不同参数的地震情景，海沃德地震情景使用其中之一作为地震情景主震。）

尽管海沃德地震情景的 3D 数值模拟地震动的方法忽略了这些不确定性，但我仍然认为，如海沃德地震情景中使用的地震动是更接近于实际地震动。地震动图轮廓是斑点状的、不对称的、不规则的，地震动可能高于、接近或低于中位值。它的不对称性也是极具价值意义的，向人们展示了真实的地震动图实际上是什么样的。另外，它还可以减少因非线性易损性或易损性关系与 GMPE 的地震动中位值相互作用导致震害和损失的估计偏差。

毫无疑问，相对于 GMPE 的中位值地震动图，3D 数值模拟在情景开发中提供了这两点优势。当然，并不是说 3D 数值模拟在其他情况下是优先选择的。3D 数值模拟在计算上仍然相当昂贵，需要世界上大部分地区尚未汇编的地壳速度信息，缺乏 GMPE 提供的内在的经验验证。

八、结论

大多数地震情景的地震动图只表示了地震动中位值，也即超越概率为 50% 的地震动。它们是依据经验地震动预测方程创建的，预测方程本身（有的过于简化）是通过将平滑曲线拟合到历史地震动数据的中位值来建立的。根据中位值的定义，它仅代表了一个中间值，而没有提供关于变异性的信息。由于断层破裂和周围地壳自然地质的不均匀性，真实的地震中，地震动在中位值附近变化很大，中位值地震动图与实际情况存在差异。更重要的是，就海沃德地震情景而言，中位值地震动图会导致对地震动平均值和总体震害的低估。相比之下，由于海沃德地震情景中地震动强度的偏态分布，高于中位值的地震动造成的破坏比低于中位值的地震动（GMPE 同样采用对数正态分布，但关键点是，中位值地震动图只反映其中位值，并不反映 GMPE 的分布），所以实际使用的 3D 模型的震害估计高于中位值模型。根据 3D 模型，建筑结构和已开发区域集中遭受更强烈的地震动时，两种模型之间的差异将加剧。仅采用地震动中位值的地震情景应急计划往往会导致社区准备不足。因此，美国地质调查局选择采用了海沃德地震情景主震的 3D 数值模拟地震动图（出于必要原因，余震采用中位值地震动图）。3D 模型比中位值地震动图的成本、计算要求都更高，但更真实地描述了地震动的变异性，有助于避免低估平均地震动和总体震害。海沃德地震情景中存在一些极强烈的地震动，这在预期之内，1999 年台湾集集 7.6 级地震中观测到的最大地震动，以及根据小数据集中推断大样本结果的极值理论均表明了这一现象的合理性。

参 考 文 献

Aagaard B T, Graves R W, Schwartz D P, Ponce D A and Graymer R W, 2010a, Ground-motion modeling of Hayward Fault scenario earthquakes, part Ⅰ—Construction of the suite of scenarios: Bulletin of the Seismological Society of America, v. 100, no. 6, p. 2927-2944.

Aagaard B T, Graves R W, Rodgers A, Brocher T M, Simpson R W, Dreger D, Petersson N A, Larsen S C, Ma S and Jachens R C, 2010b, Ground-motion modeling of Hayward Fault scenario earthquakes, part Ⅱ—Simulation of long-period and broadband ground motions: Bulletin of the Seismological Society of America,

v. 100, no. 6, p. 2945−2977.

Abrahamson N A, Silva W J and Kamai R, 2014, Summary of the ASK14 ground motion relation for active crustal regions: Earthquake Spectra, v. 30, no. 3, p. 1025−1055.

American Society of Civil Engineers, 2010, Minimum Design Loads for Buildings and Other Structures: Reston, Va., American Society of Civil Engineers, ASCE/SEI 7-10, 608p.

Bozorgnia Y, Abrahamson N A, Al Atik L, Ancheta T D, Atkinson G M, Baker J W, Baltay A, Boore D M, Campbell K W, Chiou B S-J and Darragh R, 2014, NGA-West2 research project: Earthquake Spectra, v. 30, no. 3, p. 973−987.

Center for Engineering Strong Motion Data, 2014, CESMD Internet Data Report for South Napa Earthquake of 24 Aug 2014: Center for Engineering Strong Motion Data website, accessed July 3, 2015, at https://www.strongmotioncenter.org/cgi-bin/CESMD/ iqr_dist_DM2.pl? IQRID=SouthNapa_24Aug2014_72282711&S Flag=0&Flag=2.

Graves R W and Pitarka A, 2010, Broadband time history simulation using a hybrid approach: Bulletin of the Seismological Society of America, v. 100, no. 5A, p. 2095−2123.

Jones L M, Bernknopf R, Cox D, Goltz J, Hudnut K, Mileti D, Perry S, Ponti D, Porter K, Reichle M, Seligson H, Shoaf K, Treiman J and Wein A M, 2008, The ShakeOut scenario: U. S. Geological Survey OpenFile Report 2008−1150/California Geological Survey Preliminary Report 25, accessed July 3, 2015, at https://pubs.usgs.gov/of/2008/1150/.

Pacific Earthquake Engineering Research Center, 2015, PEER Ground Motion Database NGA-West2: Berkeley, Calif., Pacific Earthquake Engineering Research Center accessed July 3, 2015, at http://ngawest2.berkeley.edu/.

Stewart J P, Archuleta R J and Power M S, 2008, Preface: Earthquake Spectra, v. 24, no. 1, p. 1−2.

U. S. Geological Survey, 2009a, USGS ShakeMap—Northridge, California: U. S. Geological Survey website, accessed March 24, 2017, at https://earthquake.usgs.gov/earthquakes/eventpage/ci3144585#shakemap.

U. S. Geological Survey, 2009b, CISN ShakeMap for the Loma Prieta earthquake: U. S. Geological Survey website, accessed March 24, 2017, at https://earthquake.usgs.gov/earthquakes/eventpage/nc216859# shakemap.

U. S. Geological Survey, 2014, CISN ShakeMap for the South Napa earthquake: U. S. Geological Survey website, accessed November 24, 2015, at https://earthquake.usgs.gov/earthquakes/eventpage/nc72282711#shakemap.

U. S. Geological Survey, 2015, ShakeMaps: U. S. Geological Survey website, accessed June 19, 2015, at https://earthquake.usgs.gov/earthquakes/shakemap/.

Wills C J and Clahan K B, 2006, Developing a map of geologically defined site-conditions categories for California: Bulletin of the Seismological Society of America, v. 96, no. 4A, p. 1483−1501.